Space Group of Korea Bldg.

공간사옥

김수근과 장세양의 空間社屋

Space Group of Korea Bldg. by Kim Swoo-Geun & Chang Sea-Young

空間社屋

김수근 건축가 | 장세양 건축가
전진삼 편집자 | 조명환 사진가 | 김정후 비평가 | 박길룡 비평가

Spacetime

도움준 사람들
자료협력 (주)공간종합건축사사무소 이상림 공간그룹 대표
디자인 FLUX

金壽根과 張世洋의 空間社屋

전진삼 *편집자* | 조명환 *사진가* | 김정후 *비평가* | 박길룡 *비평가*
1판 1쇄 찍은날 2003년 10월 15일 | 1판 2쇄 펴낸날 2013년 12월 12일
발행인 김기현 | 발행처 시공문화사 | 등록 1993년 3월 12일
주소 서울 서대문구 독립문공원길 13 | 전화 02-3147-1212 | 팩스 02-3147-2626

ISBN 89-5592-279-0 93540 값 15,000원

1

김수근과의 가상 인터뷰 Dialogue

내가 사랑한 한국인, 한국인의 정신

_전진삼

김수근

선생은 이미 가고 없으시다. 그러나 나는 지금 그를 불러내고 있는 것이다. 주마간산(走馬看山) 격인 들 선생의 자취를 다시 이 땅에 대기로 뿌리고 싶은 거다. 워낙 넓은 세상을 활달하게 사셨던 분인지라 나는 그에게서 극히 사소한 것들을 붙들고 진지하게 묻는 우를 범할 것이다. 그러나 어느 정도, 선생을 싸고 있는 무거운 주제들보다는 가볍지만 의미 있는 물음으로 선생의 향기를 뿜어내고자 한다. 한 사람의 가인을 잊는 것은 쉽다. 우리 시대가 가장 잘 하는 것이 있다면 쉽게 잊는 병이다. 그런 풍토에서 벗어나고자 한다. 시간이 가면 갈수록 사시던 당시보다 더더욱 요란하게 세상의 아름다운 그들이 현재의 시간을 채워주어야 한다. 그것은 굳이 문화가 아니어도 좋다. 그건 풍경으로도 족하다. 이 책 건축의 바다 총서에서 선생과 가상의 인터뷰를 하는 이유가 거기에 있다.

선생님은 일찍이 미군 병사로부터 건축가에 대한 꿈을 키우셨다고 들었습니다. 대통령에게 집을 마련해주는 '건축가'란 직업의 중요성을 통해 세상에서 가장 중요한 사람으로서 건축가를 배우셨다고 말이지요. 어린 시절, 선생님의 행동철학이 될 만한 또 다른 것을 배우시진 않으셨습니까?

I KSG I 나는 그 미군 병사로부터 내일이면 늦으리란 사상을 철저히 배웠습니다. 합리주의 나라인 미국 청년이 비합리주의 나라 한국 소년에게 일제의 전근대성을 탈피시키고 새로운 물결을 타게 한 것입니다. "건축가는 내일을 위해서 사는 사람이므로 오늘이 중요하다"는 그의 말이 아직도 귀에 생생합니다.

한국전쟁이 한창일 때에 일본으로 밀항하신 것으로 알려져 있는데 그 바람에 선생님의 정체성에 대하여 많은 의구심이 따라다녔습니다. 결과론적으로 선생님의 일본 유학이 이 땅의 건축문화를 한 단계 발전, 성숙시키는 순기능을 했다는 면에서 국내의 많은 비평가, 이론가, 사학자들로부터 비난의 화살을 스스로 꺾게 하였습니다만 당시의 정황을 미루어 짐작컨대 총칼을 들고 사선에 나서는 것이 애국하는 길이었다는 얘기지요.

| KSG | 그럴 수 있습니다. 내 나이 20세 때에, 이 땅은 전쟁 중이었고 나는 단신으로 일본으로 건너갔습니다. 아버지의 악어가방을 판 돈을 손에 쥐고 말이지요. 당시 나는 동족상잔의 전쟁이 무모하다고 결론을 내렸습니다. 건축가의 길을 고집한 나로서는 한시도 현실에 머물러 있을 수 없었습니다. 6.25 전쟁 중에 도피를 위해 원서동 기와지붕골 사이에 몸을 간신히 숨겨 지내던 무더웠던 여름이 다시 생각이 납니다. 그 때 일을 생각하면 무더위보다도 등골이 오싹하던 서늘함이 먼저 머리를 스쳐지나갑니다. 인간이 자유를 박탈당하고 생명의 위협을 느끼는 억압된 상태에 놓여 있을 때의 서늘함이랄까. 마음대로 하고 싶은 말도 못하고, 특정 인물을 우상화하는 대열에 끼여 인간이 로보트화 하는 과정에서 느낀 공포심이랄까…. 그것이 동기가 되었습니다. 나가자. 당장은 도피행일지언정 이 땅이 자유를 찾는 그 날, 이 땅이 필요로 하는 인간으로 등장하는 거다. 그 길이 쉬울 리 만무하지만 내 식으로 애국하는 길이다고 생각했습니다. 집을 떠난 나의 행동은 꿈이 없었던 그 당시 우리 시대에 모험과 기대와 꿈을 함께 동반한 자기 결정의 소산이었다고 지금도 믿고 있습니다.

일본에서의 유학생활이 무척 고단하고, 어려웠다고 들었는데 당시의 상황을 짧게 언급하여주시지요.

| KSG | 비공식 입국자인 나에게 부모님으로부터의 학비 송금이란 돈이 있어도 불가능한 것이었습니다. 대학에 입학하는 것도 쉽지 않았지요. 유일한 통로는 일본인 학생과 같은 조건으로 입시를 치루는 방법뿐이었습니다. 그러자니 당장에 공부할 거처가 있어야 했습니다. 나의 옹색한 하숙방은 동경 매구로구란 곳에 있었습니다. 식사는 밖에서 해결하고 잠만 자는 이른바 외식방(外食房)이었지요. 한동안은 이불도 없어서 옷이란 옷을 죄다 껴입고, 덮고 해서 간신히 한기를 다스려가며 새우잠을 자곤 했습니다. 제대로 된 베개 또한 있을 리 만무해 '책베개', '잡지베개'로 버텼지요. 당시(1952년 경) 일본도 식량 사정이 빠듯해서, 쌀은 배급제인데다 빵도 노동자용의 대형 '꼽빼빵' 일색이었습니다. 그 빵 하나를 가지고 세 끼를 해결해야 했습니다. 그러던 어느 날 옆집 아이 둘(고교생과 중학생)의 영어와 수학공부를 보살펴 주게 되면 저녁 한 끼 정도는 해결할 수 있을 거라

는 가정 교사 자리의 소개를 받게 되었습니다. 나로서는 '빅뉴스'가 따로 없었지요. 가정교사가 된 후 나는 비교적 윤택한(?) 생활로 접어들 수 있었습니다.

선생님에게는 갖가지 어려움을 헤쳐나가는 비책이 있는 듯이 보입니다만.

| KSG | 그것은 눈을 감고 기도하는 소극적인 것이 아니라 눈을 바짝 뜨고 이를 악물고 역학적 반작용원리를 더욱 적극적으로 이용해서 대응해 나가는 마음가짐이라고 할 수 있겠습니다. 다시 말하자면 일이 잘 안 될 때는 일을 더욱 벌리고, 일이 잘 될 때는 일을 더 가다듬어야 한다는 것입니다. 견디기 어려울 때일수록 투지(鬪志)를 왕성하게 함으로써 덕을 보고 있는 셈이지요.

엉뚱한 질문 같지만 명쾌한 답을 부탁드립니다. 선생님은 평생 돈을 벌고자 아둥바둥 대지 않는 모습으로 기억되는데 그 이유가 있을 법합니다.

| KSG | 그건 간단합니다. 나는 건축을 통해서 돈을 모아야겠다는 생각보다는 번 돈을 어떻게 하면 고급스럽게 소비할 것인가를 고민했기 때문입니다.

공간 창립 기념행사에서의 김수근

1

2

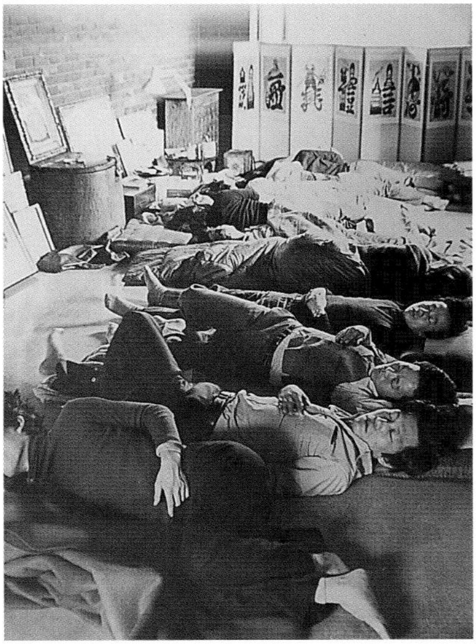

3

4

1_ 공간사옥(1972년 무렵)과 주변환경
2_ 김수근의 문방
3_ 초창기 김수근 문하생들의 사옥내 생활상
4_ 공간 사랑방 초기 모습
5_ 김수근 건축연구소 설계실 작업 풍경

5

'이 세상에서 여자가 모두 없어지는 날이 있다면 나는 그 다음날 자살하겠다.'는 선생님의 일성이 귀를 솔깃하게 합니다. 한 때는 이 같은 공개발언으로 댁 어르신께 혼나셨다고도 들었는데 선생님이 느끼는 매력적인 여자론을 듣고자 합니다.

| KSG | 나의 할머니, 어머니, 누이, 아내, 딸 그리고 수신교과서(修身教科書)에 나오는 여자들 및 열녀(烈女)에 속하는 분들을 제외한 제3의 전기를 일으켜주는 여자를 대상으로 하여 섹스의 가능성이 있어야 하는 여자라고 말한 것이 화근이 되었던 것 같아요. 조금은 다른 얘기지만, 임종이 가까운 플레이보이 노인에게 과거 여러 여자 가운데 어떤 여자가 가장 인상에 남느냐 하는 질문에 그 노인은 "뭐니뭐니 해도 음식을 맛있고 정성스레 마련해준 여인이 가장 기억에 남는다." 고 했답니다. 따지고 보면 우리 인간은 평생에 딱 한 번밖에 못 먹는 정해진 끼니를 또박또박 계속하는 셈입니다. 여생이 30년이라 치면 정해진 저녁은 매일 빠짐없이 든다 치더라도 약 1만 회밖에 안 된다는 것이지요. 오늘의 바로 이 저녁은 그 1만 회 중 1회인지라 다음은 9천9백대로 내려가겠지요. 남편에게 있어 두고두고 인상에 남는 여인이라면 일생일회(一生一回)의 기회를 놓치지 않고 곁에서 정성을 기울이는 여자라 할 것입니다. 그이에게서 매력을 느끼는 것이 당연할 겁니다.

선생님의 지적주거(知的住居)론을 들려주신다면.

| KSG | 어떤 집에서 어떻게 사느냐 하는 것은 우리들 인간의 평생 과제이고 어떤 주거를 마련하는 것이 옳은 것인가 하는 것은 또 일생의 숙제라 하겠습니다. 사람들은 여전히 돈이 생기면 집부터 소유하려 들지요. 현대의 지적 주거란 소유자의 입장이 아니라, 사용자의 입장에서 출발해야 할 것입니다. 단순한 생활에 고차원적 사고가 그 속에 담겨져야 하겠지요. 잘 산다 하는 것은 왕궁 같은 곳에 사는 것을 말하는 것이 아니라 사람의 왕 같은 높은 의식의 유무를 말하는 겁니다.

선생님은 안목 또는 눈썰미라는 말씀을 종종 하셨는데 이는 선생님이 모시고 계신 두 분 스승 가운데 한 분이신 고(故) 최순우 선생으로부터 학습하신 바 큰 것으로 압니다. 이를 보다 구체적으로 설명하여주시지요.

| KSG | 옛말에 안고수고(眼高手高)라는 말이 있습니다. 눈(眼目)이 높으면 솜씨도 높은 것이 사실이었습니다. 조선의 목기나 자기에서 볼 수 있듯이 그것을 만든 손이 기술의 차원성을 뛰어넘어 격에까지 도달할 수 있었

던 것은 오랜 훈련 속에서 터득한, 만드는 손과 보는 눈에 의해서 이룩된 결과였지요. 그것의 본질은 인간의 심성(心性)의 발단에 관심을 두고 있고, 또한 그 시대의 정신적 소산에 관련되는 모든 분야에 인간 심성의 깊이 있는 통찰력이 요구되었던 때문이기도 합니다. 우리는 과거 선조들의 유산 속에서 형태를 얻어 오는 것이 아니라, 그 속에 젖줄처럼 힘차게 흘러내리고 있는 생명력을 얻어 오는 것이 필요합니다. 안목이란 생명력을 읽는 마음속에서 터득되고 이어지는 것이지 형태에서 오는 것이 결코 아니라는 말입니다.

최순우 선생의 빼어난 '눈썰미'는 나 뿐 아니라 여러 사람들에게 영향을 미쳤습니다. 선생과 나의 첫 인연은 꽃꽂이 전시회에 선생이 출품한 백자(白磁) 항아리로써 맺어졌지요. 그 때는 내가 선생의 이름도 잘 모르던 시절이었습니다. 1963년쯤이었지요. 전시장 왼쪽 구석에 달 모양의 조선조 백자 항아리 위에 꽃가지 하나를 수평으로 눕혀 놓은 것을 보고 나는 크게 충격을 받았는데 알고 보니 그 작품의 주인공이 최순우 선생이었습니다. 고백하거니와 나로서는 차원 높은 한국의 멋과 맛을 처음으로 알게 된 사건이었지요.

선생의 가르침은 유별난 것이었어요. 그 분은 나를 어느 곳엔가에 데려다 주시고는 나와 그곳에서 만난 건축물과 나 사이에 일어나는 반응과 대화를 엿보실 뿐 절대로 별다른 설명도 구체적인 지적도 하지 않으면서 젊은 건축가의 눈을 키워주셨습니다. 그것은 바로 조선 선비들의 자세, 무엇이든지 강요하지 않고, 상대가 스스로 깨닫고 느끼도록 이끄는 성품, 이것이야말로 참된 교육자의 모습이라 할 밖에요.

다른 한 분, 일본인 건축가 요시무라 준조 선생은 어떤 분이셨습니까?

| KSG | 동경예술대학에서 처음 뵈었습니다. 그 분은 일본 민가의 전통과 항상 맥을 같이 하고 계셨던 분이지요. 일본 민가의 실존적 공간에 크게 비중을 두고 계셨지요. 그 분에게서 본래의 일본 건축은 소박하고, 정직하며, 합리적인 것이었습니다. 선생은 그러셨죠. 불필요한 가지를 제거함으로써, 그 생생한 아름다움의 세계를 만든다고 보고, 필요한 것만으로 구성된 것은 바꿀 수 없다고 말이지요. 그래서 좋은 디자인의 기본은 재료나 필요 이상의 손재간으로 나타나는 것이 아니라 바로 정확한 프로포션 밖에 없다고 말이지요.

선생님은 88 서울 올림픽주경기장의 설계자로서 86 아시안 게임과 88 서울 올림픽의 개최를 앞둔 시점에 도시인의 자세를 언급하실 양이면 무엇보다도 평소 자기 자신의 미의식(美意識)의 배양이 중요하다고 강조해 오셨습니다. 도시에서 개개인의 의식구조가 달라진다면 어떤 효과를 가져온다고 보신 겁니까.

| KSG | 우선은 변화된 자기를 바탕으로 출발하는 도시건축의 진면목을 발견할 수 있을 겁니다. 도시계획이라고 하니까 무척 거창하고, 나와 관련이 없는 것처럼 여기는 경우가 허다한데, 사실이지 생활공간 주변에서 무료로 볼 수 있는 생생한 미술품, 즉 우리가 몸담고 살아가고 있는 미술품인 도시건축에 관심을 갖고 행하는 개체 미화작업의 시작이 도시계획의 시작이란 점을 인식하지 못한다는 것이 문제입니다. 서울이 세계적으로 개성있고, 아름다운 도시로 거듭나기 위해서는 특히나 아름다운 건축 · 도시가 문화의 핵심 가운데 중요한 하나라는 것을 다시 한 번 강조하고 싶습니다.

디자인 생활화의 중요성을 언급하신 것으로도 받아들일 수 있을 것 같은데.

| KSG | 그렇습니다. 내 생각으로는 한 명의 교통경찰보다는 1개의 좋은 '디자인'이 거리의 질서를 확립시켜 줄 수 있다는 것을 아는 사람은 많지 않습니다. 딱지를 떼지 않는 여자 교통경찰도 그러한 의미에서 의의가 있습니다. '형태는 기능을 낳는다'는 유명한 말이 있습니다. 좋은 형태가 질서를 가져온다는 얘기지요. 우리가 궁극적으로 인간을 구한다면 역사의 본질적인 연속성을 무시하지 못할 것이며 '컴퓨터'가 어디까지 발달하건, 또 인간 생활양식이 어떻게 바꾸어지든 인간성은 결코 불연속적이 못 될 것입니다. 정치가도, 시장도 완당(阮堂)이나 자기(磁器)를 모르면 도시를 만질 자격이 없는 겁니다. 다시 말해서 예술, 미를 모르는 사람이 시장이면 좋은 도시를 기대하기가 어렵지요. 시민의 자질도 마찬가지입니다.

우리 나라 전역은 여전히 도시건 시골이건 곳곳이 '공사 중'인 경우가 비일비재합니다. 많은 부분에서 공사장의 분위기가 질적 개선을 보이는 곳도 적지 않지만 아직도 곳곳이 무질서한 공사판으로 어지럽습니다. 그것이 부실공사로 이어져 참혹한 사태를 몇 번이나 맞아야 했습니다. 우리가 잊고 사는 부분의 각성이 필요하다고 보는데.

| KSG | 원래 건설이란 시작하면 끝이 따로 없는 겁니다. 집을 짓기 시작하면 철거해 버릴 때까지 손이 가는 법입니다. 다시 말하면 그것이 존재하는 한 공사 중이라는 상태가 영원히 계속된다는 얘깁니다. 그래서 집은 완성이라는 말은 있어도 완공이라는 말은 없습니다. 그렇다면 공사 도중이 얼마나 중요한 지를 알 수 있을 겁니다. 공사과정이 좋아야 좋은 집이 된다는 이야기지요. 공사과정을 잘 해야 견고하고 경제적인 집을 짓는다는 것하고 통합니다. 지하철도 도시도 마찬가지입니다. 우리 세대가 지금 공사 중인 것은 다음 세대에 물려주려는 유산을 구축 중이라 하겠습니다. 그 유산이 엉터리가 되어서는 안 되겠지요. 공사과정도 잘 정돈되고 반듯하게

정성껏 만들어야 할겁니다. 공사에 종사하는 사람은 이 뜻 있는 일에 영광스럽게 참가하고 있는 사람들이라고 생각합니다. 자기 개인생활 수단 이상의 의미를 가져야 할겁니다.

선생님이 써놓으신 글을 읽다 보니 서울시의 교통문제에 대해서 백지위임장의 권한 행사를 하신 내용이 무척 흥미로 왔는데 이 책의 독자들을 위해 다시 요약해주시면 좋겠습니다.

| KSG | 각기 개성이 다른 여럿이 모여 사는 도시에서 한 사람이 엿장수 맘대로 좌지우지할 수는 없는 것이지만 독자들이 이해해주시리라 믿고 말씀드리지요. 첫째, 모든 차를 4대문 밖으로 내쫓는 것입니다. 4대문 안의 교통수단은 자전거 정도로 족하겠지요. 또한 그 자전거는 시민 공동소유가 좋을 것입니다. 대량의 대중교통은 지하철로 가능할겁니다. 이렇게 되면 서울의 도로는 지금의 차도, 인도의 구별이 필요 없고, 대부분이 녹지화 될 것이 틀림없습니다. 세종로 대신에 세종공원이 생기게 되겠죠. 육교도 고가도로도 없어지고 청계천도 도로 파서 옛 모습으로 돌아올 것이고, 일인들이 차도로 끊어놓은 창덕궁과 종묘도 한 덩어리로 이어지게 되겠지요. 금수강산이 따로 없을 겁니다.

아주 유쾌한 발상이십니다. 교통문제만큼이나 도시의 시각공해 또한 만만치 않은데 우리가 지녀야 할 도시철학이라면 무엇이 있을까요?

| KSG | 그렇습니다. 판자집들은 추할는지는 몰라도 악하지는 않습니다. 그러나 '콘크리트'로 잘못 지어진 반영구적인 구조물들은 악을 겸합니다. 판자집은 철거하기라도 쉽지만 '콘크리트' 구조물은 철거하기가 어렵고, 그 추악함은 반영구적입니다. 아름다운 환경 속에서 자라는 어린이와 추악한 반인간적인 환경 속에서 자라난 어린이의 장래는 비교할 수가 없는 큰 차이를 나타냅니다. 옛날 사람들이 만들어 놓은 서울거리만 하더라도 회색기와에 나무 기둥, 백색의 회벽, 그 통일된 조화된 골목길 - 그곳에는 소음도 교통지옥도 없고 오로지 사람소리와 사람냄새, 인정미가 풍요한 여유있는 걸음걸이로 충만할 겁니다. 문제는 인생을 풍요하게 해줄 수 있는 건축도시, 자연을 외면하면서 사람들은 입장료를 내고 미술관과 음악회에 가며, 문학을 즐기려 책을 읽으면서도 바로 신변 가까이 있는 우리의 환경을 잊고 사는 데 있습니다. 그것을 우선적으로 회복하는 것이 도시철학의 기초를 튼튼히 하는 길이 될 겁니다.

SPACE MIX
ROBUSTA
MOCHA
MEXICO
COLUMBIA
GUATEMALA
BLUE MOUNTAIN
BRAZIL
MANDHELING

1

2

3

1, 2_ 공간구사옥 초기(1972년 무렵)의 커피숍 전경. 공간 사랑방이 이곳에서 출발한다.
3_ 공간구사옥내 마련된 커피숍(1977년 이후) 전경.

다시 진부한 질문으로 돌아가 보겠습니다. 도대체 건축가란 누구입니까?

| KSG | 나는 자주 건축전문가라는 말을 듣곤 하지만 그때마다 나는 전문가가 아니라고 역설합니다. 나는 집을 지으려는 분들에게 나의 성의와 시간을 제공하여 좋은 집을 짓기 위한 안내역할을 하는 사람이요, 여러 전문가들을 적재적소에 쓰도록 마련해주는 전문가 아닌 일반가일 뿐이라고 말합니다. 단 확신의 소유자일 필요가 있습니다. 설계비를 받는 것도 전문료가 아니라 건축가로서 베푼 성의와 시간에 대한 사례금조라고 생각하고 있습니다. 건축가로서 나의 보람은 아주 조그마한 곳에 있습니다. 집의 설계를 부탁한 시공주가 파란곡절과 시간을 거쳐 완성된 것에 만족하고 흐뭇해하는 것을 볼 때이지요. "내가 또 한번 남에게 좋은 일을 했구나." 하는 만족감이 나를 행복하게 해주며 건축가로서의 생의 보람 같은 것을 안겨주는 것이라고 생각합니다. 아무리 따져보아도 나는 이런 조그마한 기쁨, 조그마한 보람을 위해서 살아왔고, 또 그것들을 위해 계속 살아갈 것이 틀림없습니다.

선생님께서 남기신 명언 가운데 '좋은 길은 좁을수록 좋고, 나쁜 길은 넓을수록 좋다' 라는 말씀이 늘 신선하게 느껴지는데, 그렇다면 집은 어떤 집이 좋은 집이라고 할 수 있겠습니까?

| KSG | 집은 오래오래 지을수록 좋은 집일 가능성이 짙습니다. 집이란 마치 수목과 같아서 연륜이 두터워질수록 멋이 더하는 것입니다. 오래 자란 나무일수록 그 뿌리(기초)는 대지 속 깊숙이 정착하고 거기에서 뻗어 오른 줄기(구조체)에는 가지와 나뭇잎(창과 외벽)이 우거집니다. 기초와 구조가 튼튼하면 창 등 집의 표정은 시간에 따라 달라져도 좋습니다. 나무는 신진대사와 변신을 거듭함으로써 자연을 형성하여 인간을 즐겁게 해줍니다. 즉 건축도 신진대사와 변신을 할 수 있어야 합니다. 집은 새로운 세대의 변혁과 새로운 인간의 요구를 부단히 만족시켜줄 수 있는 여유를 지니고 있어야 할 것입니다. 그 변혁이 단숨에 이루어지지는 않는다는 데에 문제의 핵심이 있습니다.

당대병에 빠져 있는 사람들에게는 더할 나위 없이 무거운 주문이시군요.

| KSG | '로마' 도 하루 아침에 이루어진 것이 아니고 조선조도 5백년이라 합니다. 아기도 10개월 가까이 어머니 뱃속에 있어야 이 세상에 나오게 되고, 밥도 뜸이 들어야 먹을 수 있게 됩니다. 우리 주변은 우물곁에서 숭

늉 달라는 격으로 모든 것이 인스턴트화 되어 가버렸습니다. 단숨에 무엇이든 해치우려드는 것이 건축에서도 다르지 않습니다.

집을 짓겠다고 하시는 분 중 십중팔구는 급하셔서 어제까지 설계도가 필요하고, 공사는 오늘 당장 시작하고 싶으시고 내일까지 완공했으면 하시지요. 암만 급해도 벽돌을 한꺼번에 못쌓는데 말이지요. 한 장 한 장 착실히 단정하게 쌓지 않으면 무너지거나 제대로 힘을 받지 못하는 것이 당연한 겁니다.

모든 것을 당대에 해치우지 않으면 직성이 안 풀리는 사람들, 재임 기간중에 계획, 설계, 착공은 물론 완성하여 테이프를 제 손으로 끊어야겠다는 깊은 병에 걸린 사람들이 하나둘이 아니지요. 당대는 시작했다는 것만 가지고 만족할 수 있는 여유와 아량을 가지고 후대가 또 차근차근히 손댈 수 있는 여백을 남기고 물려주어야 후대가 애정도 가질뿐더러 선대에 대하여 감사할 것입니다.

선생님은 종합예술지 '공간'의 창간인이기도 하시고, 공간사랑 소극장 운영을 통한 1970년대 이 땅의 소극장 운동의 중심축에 서 계시기도 하셨습니다. 너무나 당연한 질문 같지만 남들이 하기 어렵다고 생각하는 그 같은 일들을 어떻게 하실 수 있으셨습니까?

공간사랑 소극장에서의 공연 장면.

| KSG | 1971년이던가요. 나는 S은행의 빚에 몰리어 나의 집, 땅(지금의 空間社 자리)이 여러 차례 경매가 진행중이었습니다. 그런데도 불구하고 나는 그 땅에 지금의 사옥을 신축하기 시작했습니다. 안간힘을 다하여 지

었지요. 주위에서는 나의 어리석음에 조소까지 보냈습니다. 은행에 넘어가고 경매 중인 땅에 집을 짓는다는 것은 밑빠진 독에 물 붓기와 같기 때문이란게 이유였습니다. 그래도 나는 계속 지었습니다. 돈이란 빚질 수 있지만 시간이란 빚을 얻을 수도 없고, 갚을 수도 없다는 생각으로 마구 지었습니다. 그것이 지금의 공간사 사옥입니다.

대망을 위해서 무엇을 희생시키느냐의 문제가 중요합니다. 하나의 사회가 지속적으로 발전하기 위해서는 저마다의 희생이 필요합니다. 예술이 하는 일, 혹은 예술가가 사회에 공헌하는 길은 어떻게 자기 동시대의 사람들이 강요에 의한 희생이 아니라 스스로 쾌히 희생하게 만드느냐 하는데 있다고 봅니다. 따라서 이 때에 유념할 일은 바로 쾌히, 혹은 스스로 즐겁게 꾸준히 하는 수식어가 중요합니다. 이러한 수식어는 결코 얻어지는 것이 아니지요.

송구스럽기 짝이 없는 고백 하나를 해야겠군요. 나는 그 동안 작품을 통하여 내 존재 의의를 확인하고, 또한 동시에 동시대 사람들에게 쾌히 즐겁게, 스스로 꾸준히 라는 수식적인 의미를 전달해보려고 애를 써 보았습니

공간구사옥 중기의 설계실 풍경(다양한 표정의 입면과 공간의 깊이 그리고 스케일의 유쾌함이 느껴진다.)

다. 그러나 그런 일은 역시 어려운 일이고, 또한 저의 미진한 자질 때문에 생각했던 만큼의 결실을 갖지는 못하였습니다. 그런 연유에서인지는 몰라도 나는 때때로 외로웠고, 지금도 그런 때가 있습니다. 아마 내가 '공간지'를 발행하게 되었던 까닭도 어쩌면 이런 곳에 깊은 동기가 있었는지 모릅니다. 그러나 '공간지'를 발행하게 된 보다 중요한 이유는 우리들 모두가 우리 시대를 위해서 쾌히, 즐겁게, 스스로, 무엇인가에 기여하기 위한 하나의 자그마한 선물이 필요했다는 것입니다. 공간사랑 소극장도 이 땅에서 예술을 하려고 노력하고, 또한 예술을 향유하려는 선량한 사람들을 위한 선물이 될 수 있기를 바란 결과였다고 할 수 있겠습니다. 일부러 거기에 가치를 부여하자면 이미 있었던 전통적인 것이나, 현재 있는 가치 있는 현상들, 그리고 앞으로 예견되는 미래 지향에의 가능성 등을 통해서 한국인이 지녀야 할 안목을 서로 길러가자는 것이라고 할 수 있습니다. '공간'이 막대한 출혈을 무릅쓰고 지향하고자 하는 지상목표는 한국인의 한국인으로서의 정신적인 생활을 윤택하게 하는 것에 있습니다.

참고문헌

김수근, 「좋은 길은 좁을수록 좋고, 나쁜 길은 넓을수록 좋다」, 공간사, 1989

전진삼, 「건축의 발견」, 미건사, 1994

정인하, 「김수근 건축론 · 한국 건축의 새로운 이념형」, 미건사, 1996

추억의 컷. 사라진 풍경 1, 2

1_ 공간구사옥 초기(1972년 무렵)의 리셉션홀 모습, 지금은 사무 공간으로 쓰고 있다.

2_ 공간구사옥 중기(1977년 이후) 리셉션홀 부근의 움푹 꺼진 플로어의 대기실 모습

1

2

추억의 컷. 사라진 풍경 3, 4

3_ 현재의 김수근 기념실이 있는 입구의 과거 모습

4_ 공간구사옥내 회의실 전경. 경직된 공간감이기보다 따뜻한 공간감을 느끼게 하는 옛 모습.

(이상 사진 | 오사무 무라이, 제공 | (주)공간종합건축사사무소)

3

4

추억의 컷. 사라진 풍경 5_ 공간구사옥 중기, 김수근의 작업실과 건너다 보이는 설계실 전경. 보이드로 인하여 구분되었던 이 두 개의 공간이 지금은 연결되어 있으며, 예의 작업실은 설계실로 활용하고 있다.

(사진 | 오사무 무라이, 제공 | (주)공간종합건축사사무소)

2

건축가의 생각 Essay

스트라타-時의 積

_장세양

장세양

STRATA는 지층을 의미한다. STRATA는 지층의 쌓임을 말하지만, 꼭 물질의 쌓임만을 의미하는 것은 아니다. 시간의 흐름에서 만들어진 모든 것들. 물질적인 것 뿐 아니라 정신적인 것의 쌓임도 포함하는 것이다. 이것들은 중심으로부터의 구심력과 외부로부터의 원심력에 의해 영향을 받으며 변형되고 있다. 한 시각에 나타난 STRATA의 형상은 그 시각까지의 변화해 오는 지각의 그 시각에서의 상황일 뿐, 고정된 형상도 아니며 원초적 형상도 아니다. 이것은 태양을 중심으로 움직이는 9개의 행성과 그에 따르는 33개의 위성의 관계에서나 원자들의 세계에서 원자핵과 가각전자들의 관계에서도 같은 논리이며, 유일하게 통일장 이론이 성립될 수 있는 블랙홀과 빅뱅에서도 같은 이치이다. 이것은 물질적인 것에만 적용되는 것이 아니라 에너지의 변화에도 동일하다.

인류의 눈으로 느끼는 것들을 시간의 흐름에 따라 기록했을 때 인류사 즉 역사라고 부른다. 인류사가 인류의 행적들을 쌓아놓는 것이라면 이 또한 하나의 STRATA이며, 건축도 이 STRATA의 한 STRATUM(지층)에 속한다고 할 수 있다. 이 쌓여진 인류의 행적들은 별개로 존재하지 않으며, 시각의 축에 꿰여 공존하고 있다. 이 STRATA에서 볼 수 있는 각 지층의 단편들이 수직의 시각축에 의해 꿰여 공존하고 있고, 여러 분야의 단편들은 한 시각의 점에서 수평적으로 엮여 공존하고 있다. 현대까지의 건축은 고대에서 고딕, 르네상스,......모더니즘/포스트 모더니즘, 해체에 이르기까지 서양문명에 이끌려 왔다. 또한 봉건사회에서 민주사회로 이 민주사회가 공산주의와 자본주의로 나뉘어 변화하는 정치, 경제, 문화의 구도에서 건축은 그 사회의 요구에 따라 이끌려 온 것이다.

르네상스(14~16세기)에서 신에의 예속으로부터 인간을 해방시키는 인본주의가 발전됨에 따라 서양의 건축은 역사상 가장 옳게 발전하였지만, 산업혁명(18세기말~19세기초) 이후 급속히 팽창하는 산업주의의 흐름이 건축에 크게 영향을 미쳐, 건축은 물질주의의 힘과 부의 상징으로 표현되며, 2차 식민지 개발 정책에 의해 19세기말부터 동양의 사회에도 그 영향이 미쳐졌다. 이 시점에서 내가 생각하는 현대서양건축(세계건축)에서 간과할 수 없는 두 가지 문제점을 제기하겠다.

첫째, 건축에서의 모더니즘이다. 모더니즘은 물질적으로 풍부한 산업혁명 이후에 형성되어 물질주의적 기준에서 원칙들을 세우게 된다. 그로피우스의 바우하우스에 기초를 둔 이 생각은 물질을 물질로서의 존재로 명확히 해줌으로써 감각적이거나 때에 따라 이상적인 것까지도 배제하여 물질에 속한 물성을 정확히 표현하는 것에 기본을 두었다. 이는 기디온의 SPACE, TIME and ARCHITECTURE에서 잘 표현되어 있다. SPACE, TIME and ARCHITECTURE라는 기디온의 기본적인 입장에서 건축은 SPACE, 즉 3차원(3rd Dimension)과 시간 FACTOR를 추가한 4차원(4th Dimension)의 물질계로 정의하면서, 주체로서의 인간은 소외되었으며 감성과 이성이 건축을 구성하는 것이 얼마나 중요한 가에 대해서 간과한 것이다. 물질계로 잘 정리한 것이 쓸모없는 일이란 것은 아니며, 거기에 인간의 중요성을 제외시켰다는 것에 문제가 있는 것이다. 이는 뉴튼의 물리학이 우리 인류에게 많은 기여를 했다는 점은 인정하나 물질에 속하지 않은 에너지가 분명 존재하고 있음에도, 뉴튼의 물리학에서는 이 에너지가 제외되었다는 것을 문제로 삼고 $E=mc^2$이란 공식을 제안하여 물질은 아니지만 물성계를 정리함에 있어서 에너지가 제외되어서는 물리학이 성립되지 않음을 주장한 아인슈타인의 역할이 필요함을 말하고 싶다.

기디온의 4차원 건축론에 한 차원을 첨가하여 5차원(5th Dimension)으로 인간을 추가해야 한다. 이 5차원의 인간은 물리적인 의미로 뿐 아니라 인간이 가진 속성을 무엇보다도 중요한 정신적인 것, 즉 감성과 이성을 포함하여 말한다. 이것은 3차원의 물질들과 4차원인 시간의 축을 넘나들며 어떻게 관계하느냐는 것을 의미하며 이 관계하는 항목은 물질로써의 공존을 공생의 차원으로 끌어올릴 수 있는 유일한 방법이다.

둘째는 민주주의의 문제점이다. 민주주의의 장점은 우리 모두 잘 알고 있다. 하지만 민주주의 제도에서 소외되는 소수는 단순히 소수가 아니라 우리 모두가 될 수도 있다. 때에 따라 소수의 입장에 세워지게 되고, 그 때마다 소외될 수밖에 없다. 소외된 소수는 소수의 사람이 아니라 구성원 전체가 언젠가는 소수의 입장에 속하게 되고, 전체가 소수의 입장에서 느끼는 소외감에 빠지므로 더불어 사는 한 사람, 한 사람이 주인이 되겠다는 민주주의는 모두가 소외되었다는 엉뚱한 결과에 다다르는 모순을 갖고 있다. 이 점은 건축에서도 동일하며 특히 공공건축에서 큰 모순으로 나타난다. 하나의 건축이 지어질 때 이용자의 절대 다수의 주관에 따라 용도와 기능이 결정되면 필연적으로 소외된 소수에 의해 또 다른 건축이 추가로 지어져야만 하고 시대에 따라 그 이용자의 다수가 변화하게 되면 또 다른 건축이 지어져야만 한다. 이 시대에 수많은 건물들이 극히 소수 이용자의, 짧은 이용 시간을 위해서만 사용되며, 결국은 인간이 필요한 범위를 훨씬 넘어 너무나 많은 건물들이

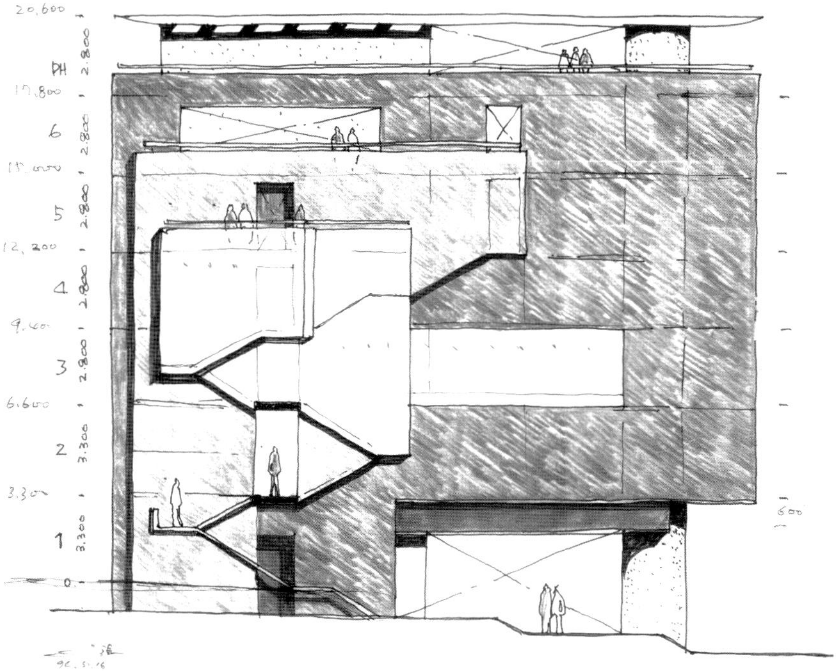

장세양의 드로잉

지어진 채 방치되고 있어 앞으로의 산업쓰레기에 가장 큰 비중을 차지할 수밖에 없다. 이것을 문제점으로 삼고 해결해 나가지 않으면 이는 인간이 자연환경과 더불어 공존공생함을 포기하는 것과 같은 일이다.

공생에 대한 생각은 김수근 선생의 네가티비즘(Negativism)과도 같은 맥락에서 생각할 수 있다. 서양문명에 의해 이끌려온 이 세계가 발전이란 이름 하에 개발되었으나 진정한 의미로서는 발전이 아니라 파괴인 것이며 이 파괴를 종결시킬 수 있는 것을 찾아내야겠다는 생각이 네가티비즘이며, 이 네가티비즘은 문제의 제기이고 공생(Symbiosis)은 이 문제에 대한 해법으로 주장되어져야 한다. 이는 김수근 선생의 공간사옥에 덧붙여 짓게 될 새 건축물이 시종 염두에 두었던 부분이다. 공생이란 해법을 통하여 나는 시간의 적층으로서 STRATA의 의미를 되새기고자 했다.

3

Architectural Drawings

건축도면

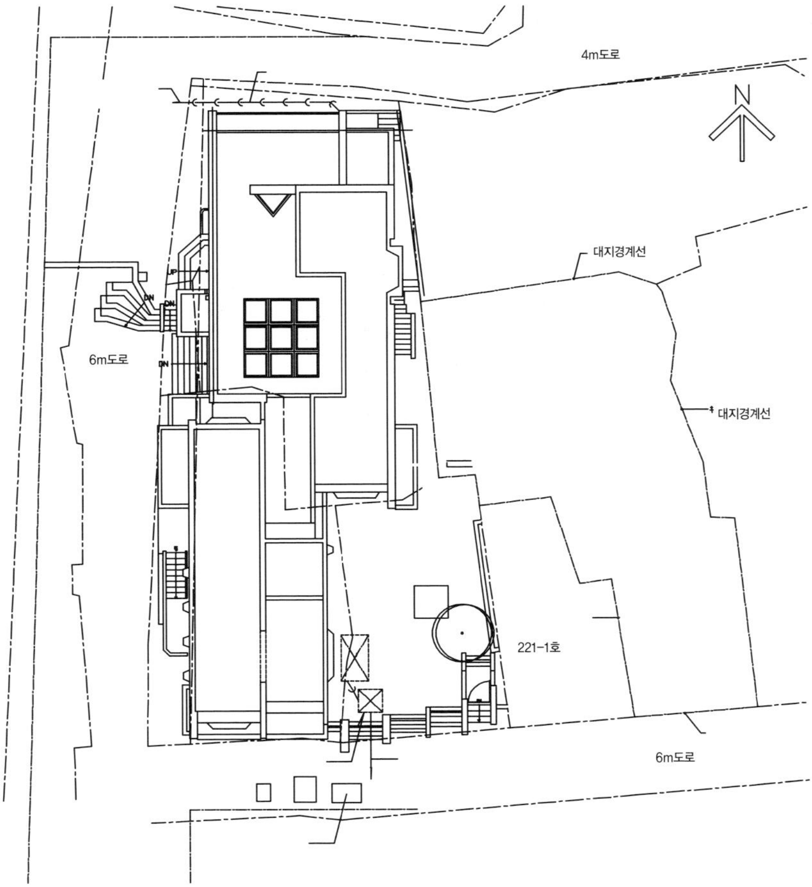

공간구사옥 배치도

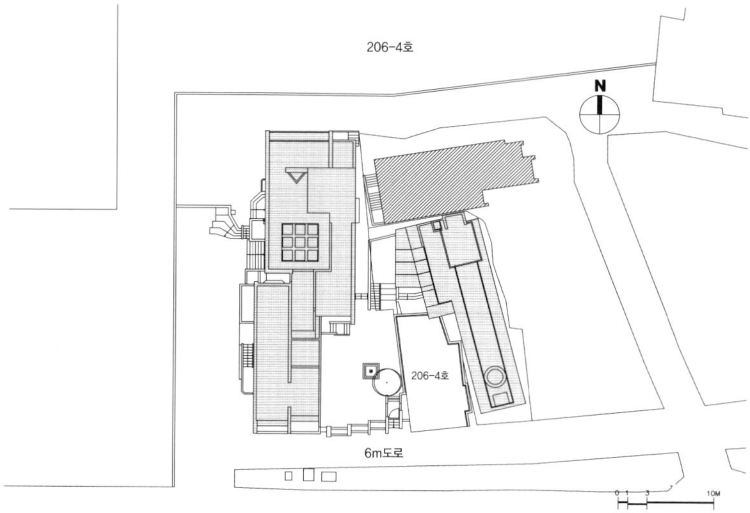

전체 배치도

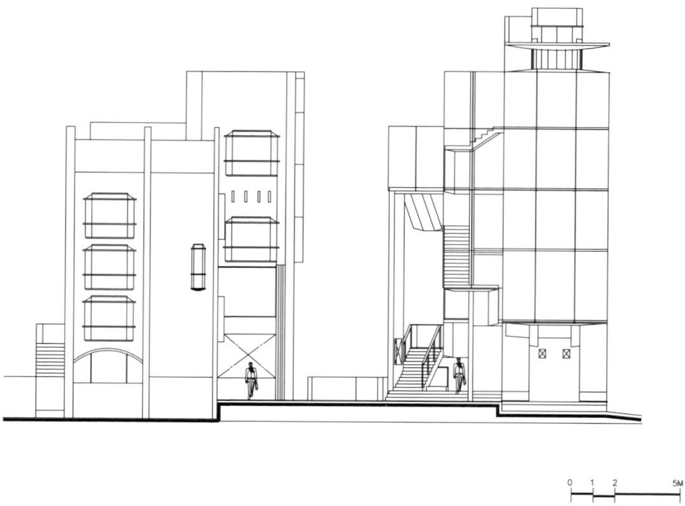

전체 입면도 1

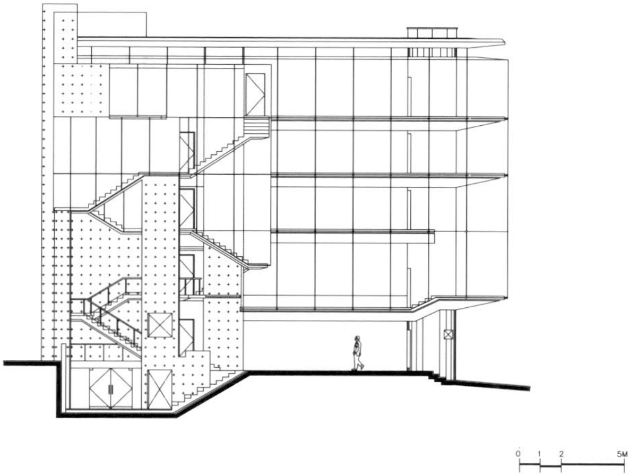

신사옥 단면도 1

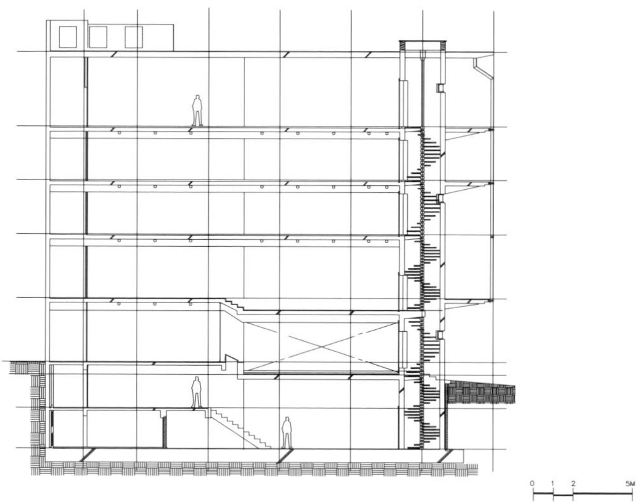

신사옥 단면도 2

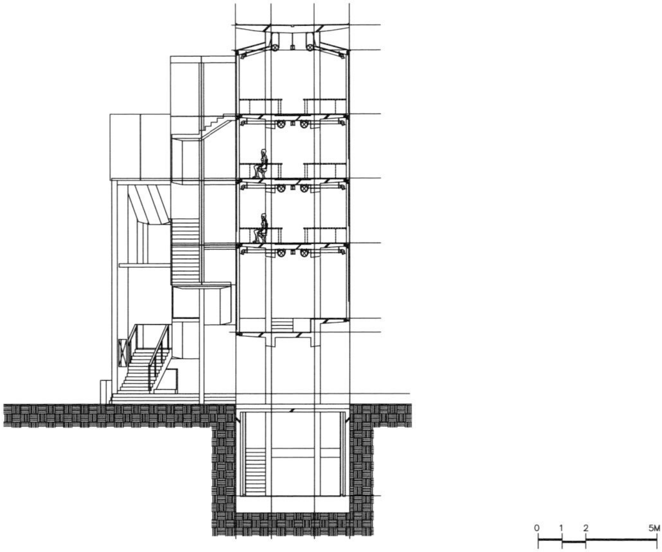

신사옥 단면도 3

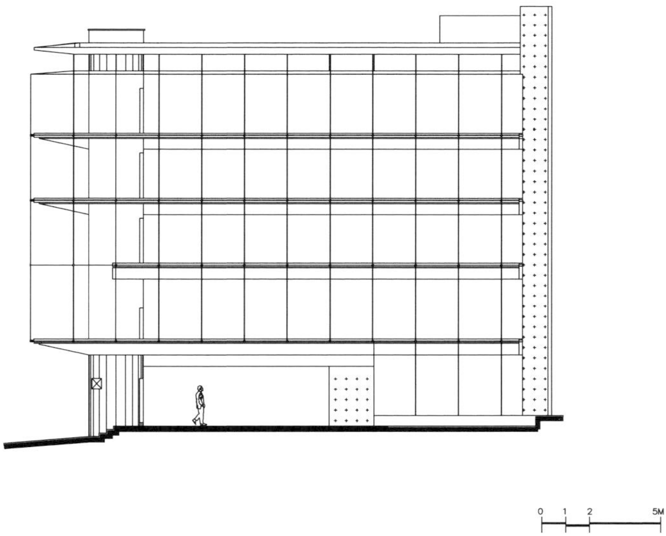

신사옥 입면도

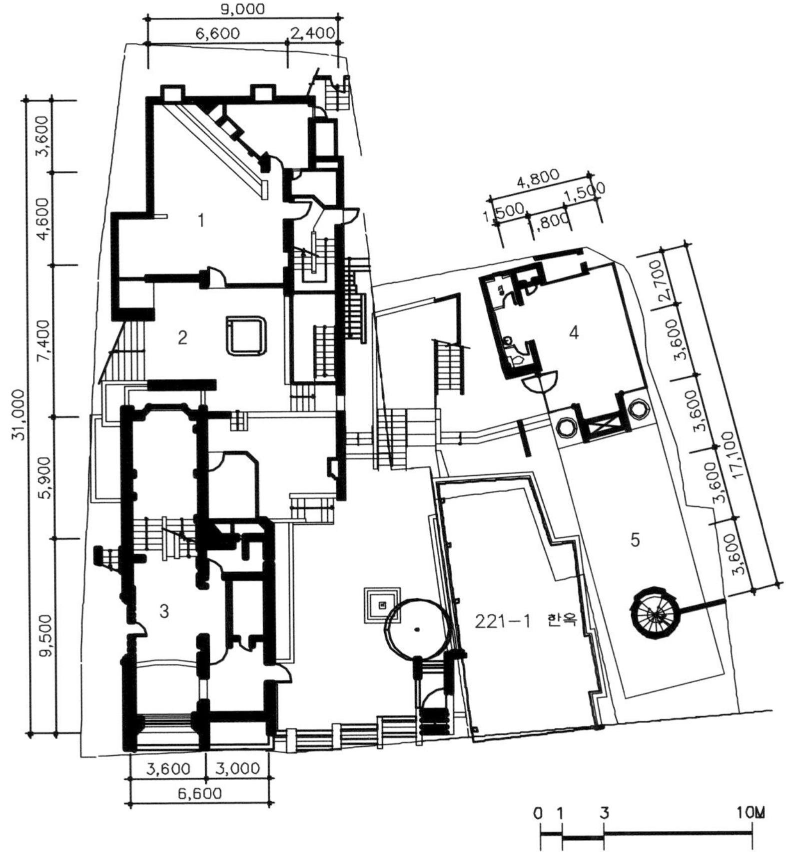

1. 커피숍 2. 중정 3. 화랑 4. 샵 5. 필로티

지상1층 평면도

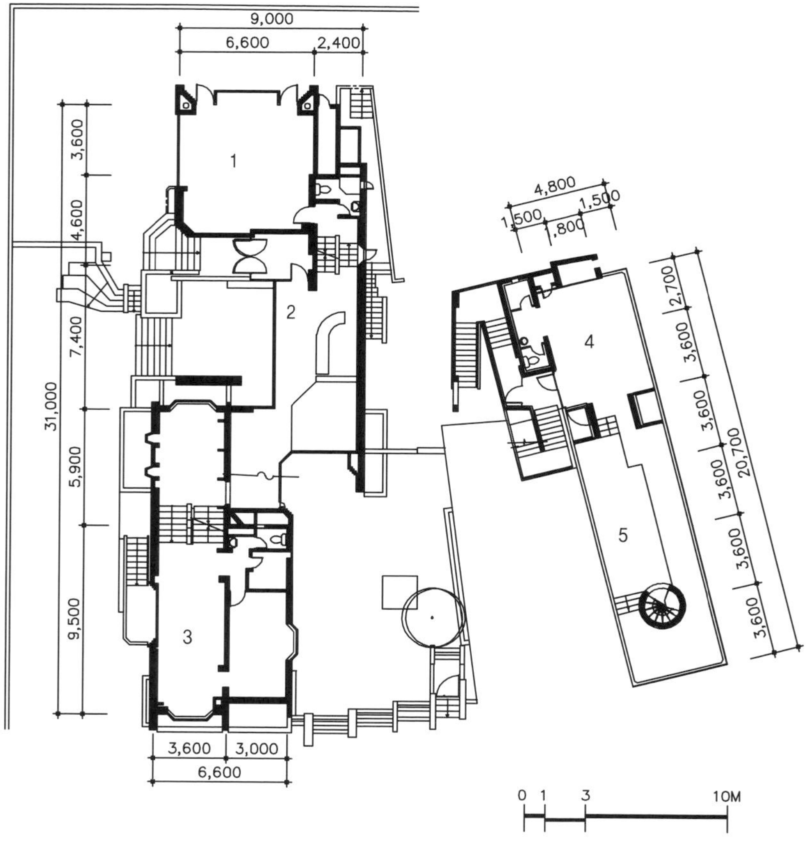

1. 테라스 2000 2. 리셉션홀 3. 사무실 4. 설계실 5. 회의실

지상2층 평면도

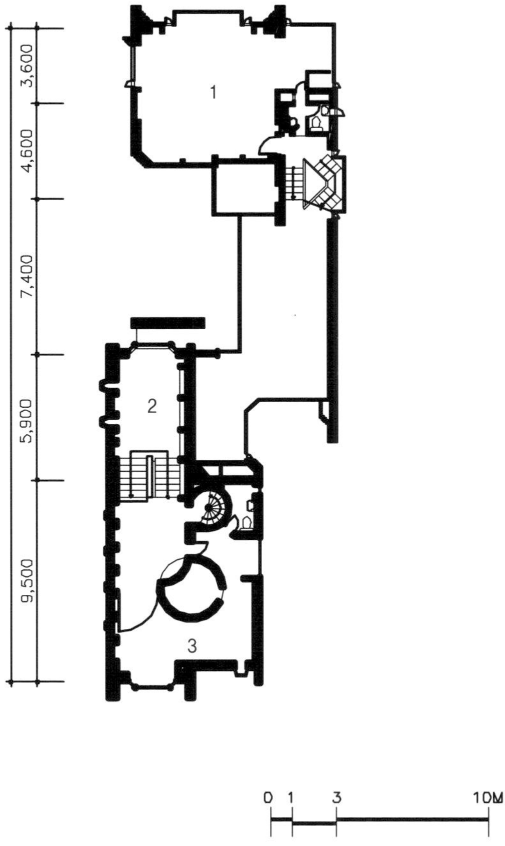

1. 행정실 2. 회의실 3. 김수근 기념실

지상중2층 평면도

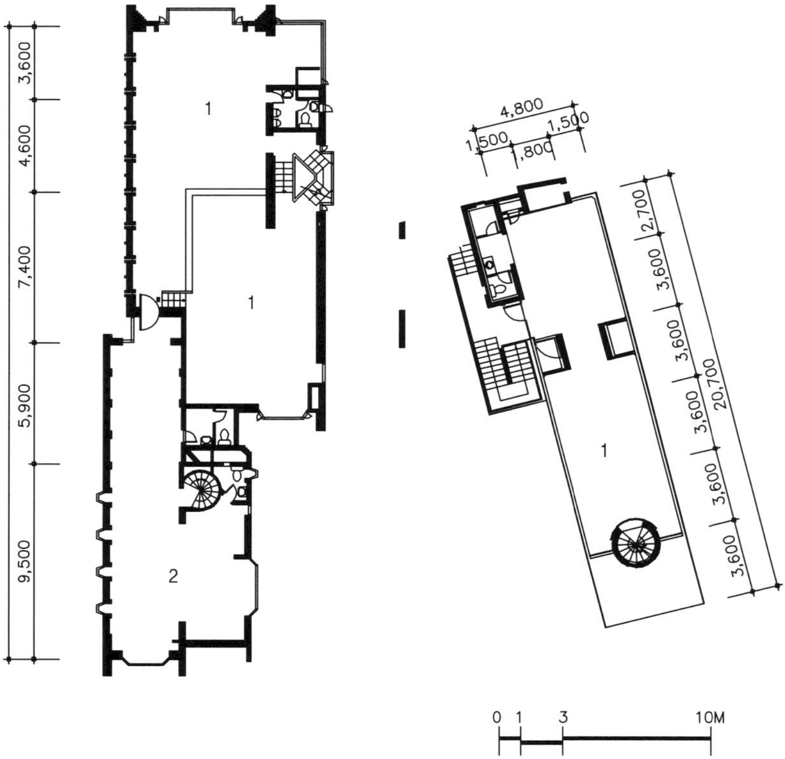

1. 설계실 2. 임원실

지상3층 평면도

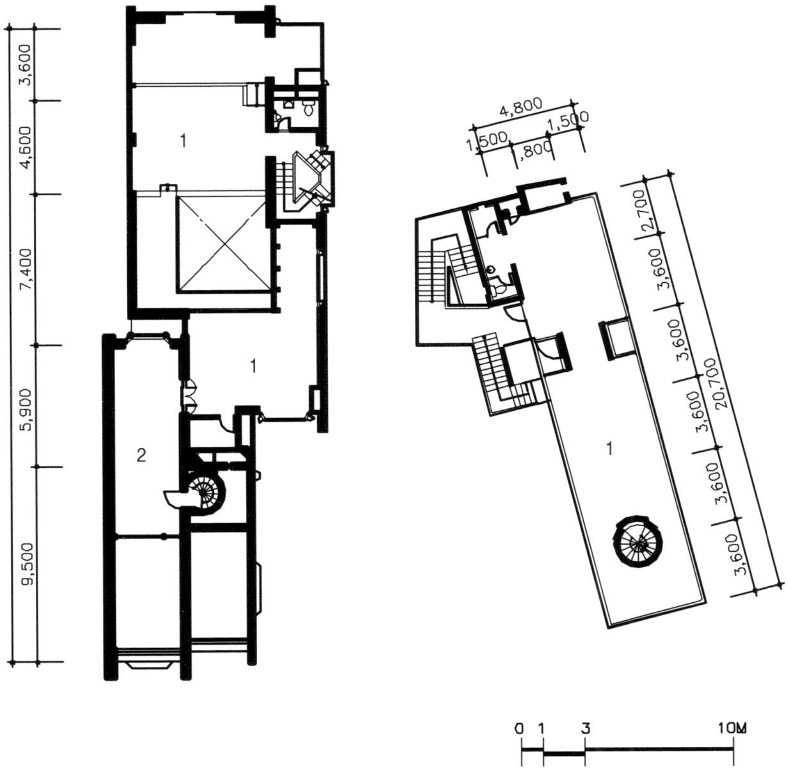

1. 설계실 2. CG실

지상4층 평면도

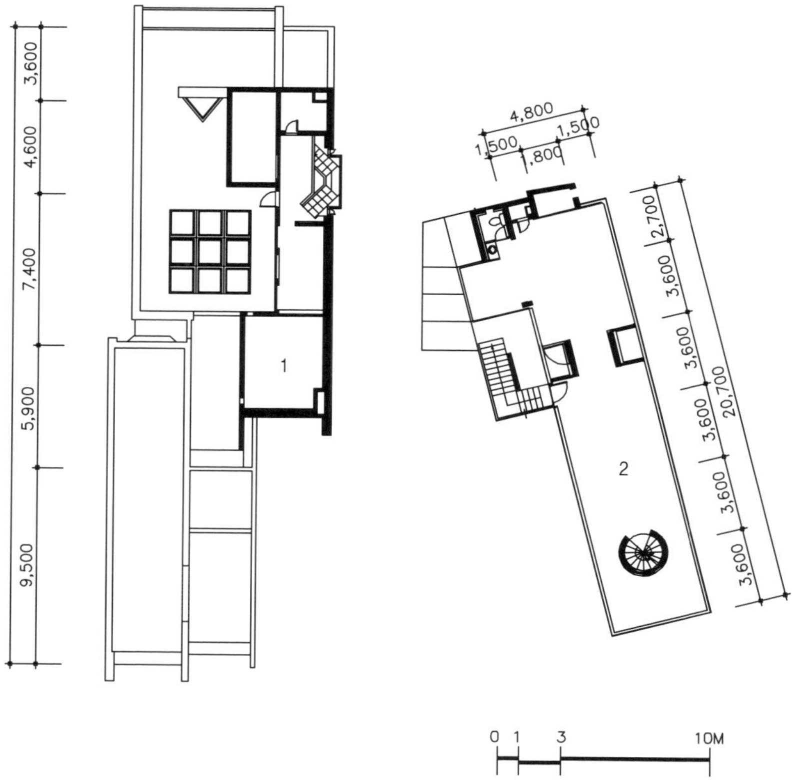

1. 대기실 2. 설계실

지상5층 평면도

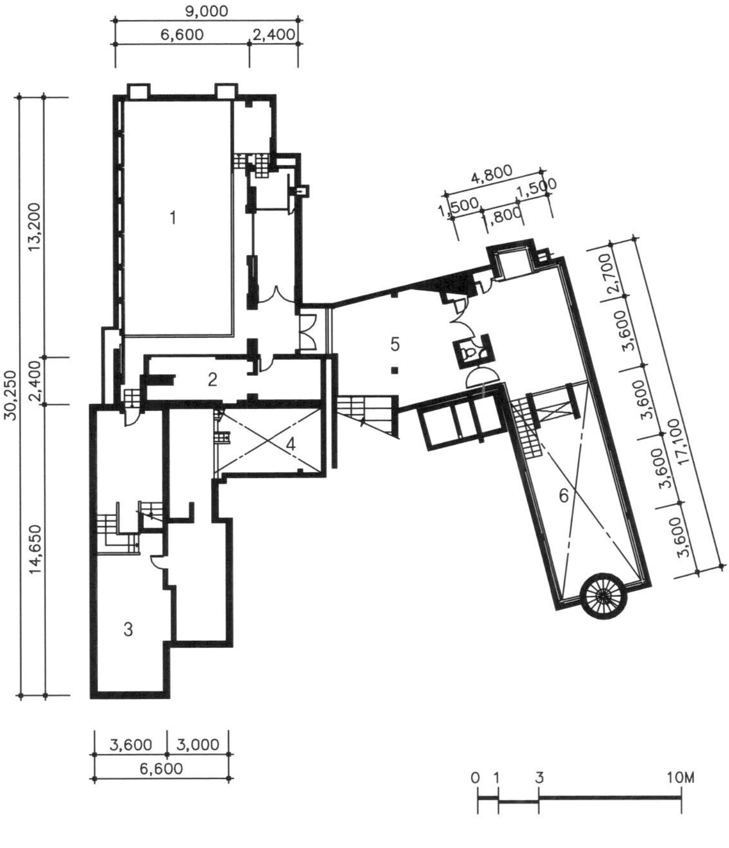

1. 소극장 2. 준비실 3. 보일러 · 전기실 4. 기계실상부 5. 전정 6. 자료실 상부

지상1층 평면도

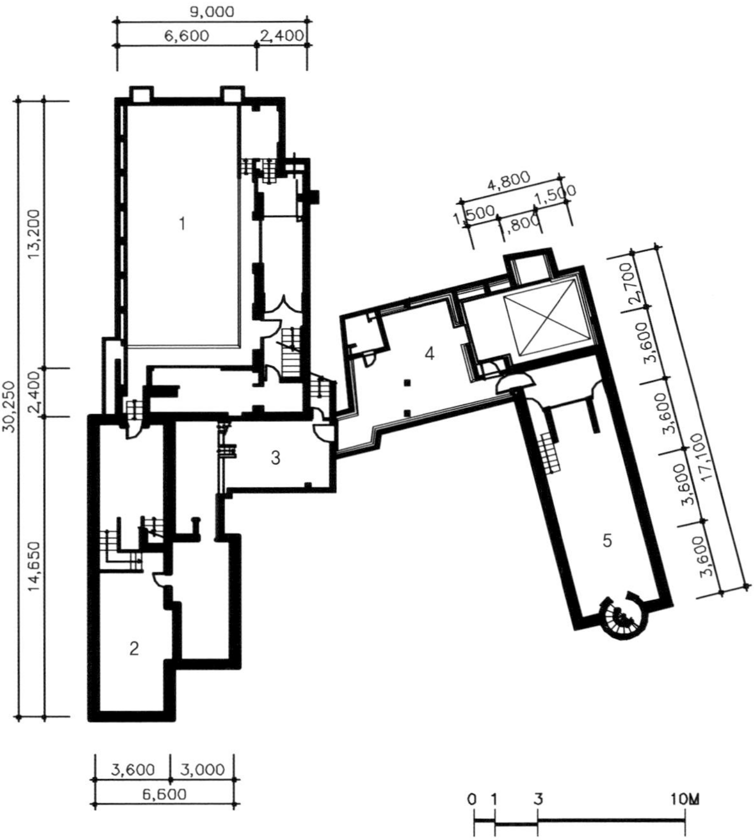

1. 소극장 2. 화랑 3. 기계실 4. 창고 5. 자료실

지상2층 평면도

한옥 도면

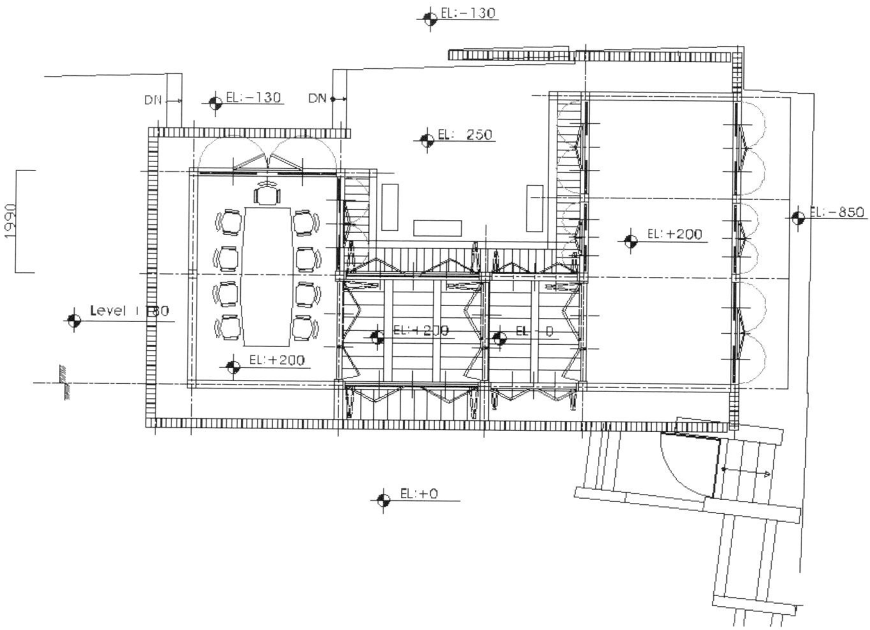
EL:-130
DN
EL:-130
DN
EL: 250
1990
EL:-850
EL:+200
Level +130
EL:+200
EL:0
EL:+200
EL:+0

평면도

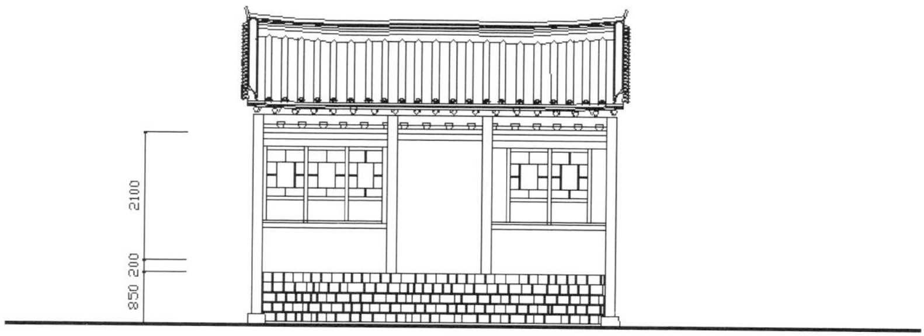
2100
850 200

배면도

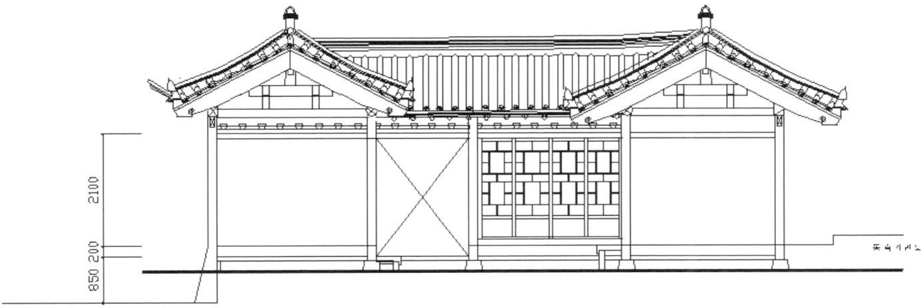

동측 입면도

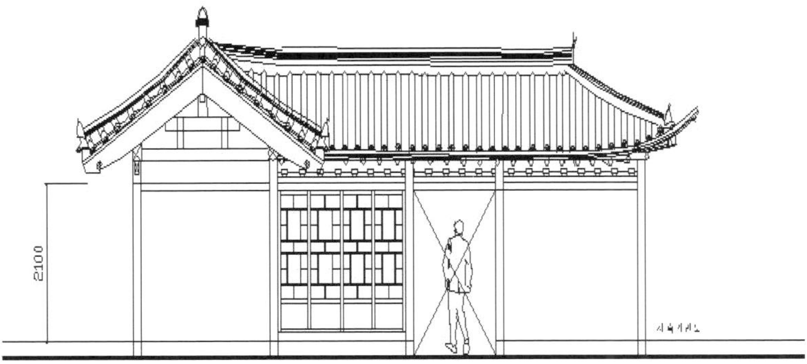

서측 입면도

4

Photos

건축사진

_조명환

空間

空間
SPACE
불재
SPACE

공간사옥의 관망포인트는 근거리에 위치하고 있는 창덕궁 내 전각들과의 관계에서 더욱 빛을 발한다. 대부분 담쟁이로 덮여 있는 전벽돌 외장의 김수근 건축과 투명성을 기조로 하는 장세양의 유리건축이 절묘한 상생의 도시건축어법으로 고궁과의 숨소리를 나누고 있음이다.

지금은 사라진 구, 한옥 지붕선과 김수근의 공간사옥이 만나는 그로테스크한 풍경이다.(앞면). 공간사옥은 동향과 서향의 광선을 향하여 직립한 건축물로 외벽을 덮고 있는 담쟁이와 물에 약한 전벽돌과의 공생이 주요한 키워드로 등장하는 특징이 있다.

김수근의 공간사옥에서 두드러지는 특색 중 하나로 벽면에 드리워지는 그림자(음영) 건축의 묘미를 발견하는 것도 재미있는 관망포인트다. 그의 벽면에서 '구름도 쉬고, 바람도 쉬어간다'는 문학적 상상력이 자연스레 생산되고 있음이다.

空間
SPACE GROUP OF KOREA

SPACE THEATRE

이 화면은 편집자에 의해서 조정된 공간사옥의 서측 입면이다. 현장에서 이 같은 집의 하늘과 맞닿은 공제선을 찾기란 불가능하다. 공간사옥 바로 뒤에 유사재료를 사용한 근생건물이 들어서서 이 건축의 중요한 관망포인트를 무참히 밟아버렸기 때문이다.

空間
SPACE

空間

건축물의 창호디자인은 외관을 결정짓는 중요한 단서가 된다. 그것이 벽면으로부터 돌출되어 있거나, 함몰되어 있다면 그만한 이유가 있는 법이다. 김수근의 공간사옥에서는 건축가가 처음 제안한 제1의 벽면에서의 입체성 창호가 제2의 스킨(skin)으로서의 담쟁이에 의해 평면성으로 대체된다. 1970년대에 지어진 이 건축물에서 김수근은 이미 30년 뒤에도 여전히 유효한 건축입면의 다양한 스킨의 변용성에 대하여도 예비하였던 듯하다.

공간사옥 담쟁이의 원 줄기. 어른 팔뚝만한 줄기가 여러 겹으로 뒤엉켜 있다. 이것의 형상은 '불(火)'이다. 명리학적 사유로도 이 집에 있어서 담쟁이의 존재는 남다르다.

공간사옥에서의 담쟁이는 대체로 강인함의 성징을 갖는다. 화기(火氣)를 느끼게 되는 것도 그것의 연장선상에서의 일이다. 그러나 우리가 놓치지 말아야 할 또 하나의 관망포인트는 기존 벽면에 밀착한, 혹은 사이를 감지케 하는 인공의 물질과 자연의 사물이 만나는 접점의 관계를 발견하는 일이다.(앞면)

내부공간(회의실)의 경직성은 제의적 공간감에서도 오지만 노출콘크리트 천장과 적벽돌 내장재의 수직성과 그 스케일이 주요한 단서가 된다.

김수근 기념실 진입부(위)와 전경(옆)

지금은 실재하지 않지만 대형 패널 도어의 안쪽은 김수근 선생의 프로젝트 진행상황과 시간계획을 열람할 수 있는 상황판의 기능을 담고 있었다. 선생의 기념실로 재구성되어 있는 실내에는 선생의 체취를 맡을 수 있는 책, 소품, 조각상 등이 진열되어 있다.

SPACE
since 1966

김수근 건축에서 빼놓을 수 없는 관망포인트는 단연 각 공간에 놓여지는 오브제로서의 사물 혹은 대상들을 살피는 것이다. 물확이 놓여진 공간과 그것이 부재한 공간의 차이 읽기, 석탑의 존재와 비존재의 공간감 그리고 이야기성. 누하(樓下) 공간의 전통적 수법을 응용한 김수근의 공간 사옥은 오히려 전통공간에서 우리가 즐겨 느끼는 감각 이상이다.

다시 지은 한옥의 전경

공간사옥을 찾는 국내외 건축가들에게서 건축의 외부에서 받는 덤덤한 인상이 한 순간에 뒤바뀌는 전이의 공간, 리셉션홀에서 안마당을 바라본 풍경이다.(앞면) 진입로부터 이 건축물의 주출입구까지 철저하게 폐쇄적인 공간구조를 경험했던 이들에겐 예기치 못했던 충격적인 공간의 전개임에 틀림없다. 장세양의 신사옥과 브릿지로 연결되면서 움푹 패였던 대기실의 단차를 없애고 평탄하게 조정한 탓에 그것의 극적인 쾌감은 다소 상쇄되었지만 여전히 그 느낌을 받는 데는 무리가 없다.

주차금지

장세양의 공간신사옥은 현대건축의 투명성에 기대어 건축물이 갖는 각각의 시간과 시간을 엮어 주는 미디어적 건축장치로 등장하고자 했다. 한때 'Glass Forum'이라고 명명하였을 만큼 광디지털라이즈된 건축물에 대한 컨셉을 가지고 잉태되었다. 그러나 실현된 바는 초기 개념과 다소 차이가 난다. 그래서이겠지만 태양이 유난한 낮에는 유리면의 광선 차단 기능이 아날로그식으로 대체된 브라인드에 의존하고 있다.

장세양 건축의 투명성은 그가 추구한 삶의 모델이랄 수 있다.

장세양의 건축이 빚은 공간신사옥의 매력은 김수근의 공간사옥과 기존 한옥의 거칠은 지붕기와가 연출하는 풍경의 차이를 교묘하게 그의 건축프레임에 배접 시킨 데에서 찾아진다. 장세양의 건축에서 유리 스킨은 투명성에의 집착이기보다 그의 건축생애가 그러했듯이 앞선 대상을 관조하는 반사와 투과의 성징에서 찾아야 한다.

허름한 집. 철거하기 전 마지막 단계의 변형된 북측면 모습이다. 지금은 이 자리에 새로 지은 한옥이 들어서 있다. 이 집의 가치라면 김수근의 건축과 근접하여 구, 가옥이 지녔던 스케일감으로 공간사옥 안마당의 검박미를 더해주었다는 데에 있다.

원서탑과 철거된 한옥이 지키던 공간사옥의 안마당은 조근 조근한 스케일 감으로 풍요로 왔다. 규모로 보나 양식적으로 보나 볼품 없던 그 집의 회칠한 벽면의 침묵, 낮은 처마, 손에 닿는 지붕 기왓살 등등을 김수근은 가벼이 보지 않았다. 이는 이 허름한 집 하부에 눈에 나지 않게 쌓은 아주 낮은 경계담을 통해서도 읽을 수 있다. 장세양 또한 이 같은 안마당의 흐름을 거스르지 않는 썬큰 전정을 신사옥에 설치하고 있다.

두 개의 건축물이 기능적으로 묶이는 튜브형 브릿지

공간의 제1세대와 2세대를 묶는 브릿지를 통해 공간사옥 건축의 진화를 엿보기에 충분하다. 과거에는 감춰져 존재의미를 잃었던 건축물의 구조체가 뽀얗게 속살을 드러내고 있을 뿐아니라 유리는 부속물이 아니라 주재료로 등장하고 있다. 그 같은 시간의 흐름을 묵묵히 주시하고 있는 구 한옥과 원서탑 그리고 길 건너 가든타워빌딩과 삼환빌딩의 배경이 이 브릿지가 투영시키고자 하는 시대 느낌이다.

장세양의 공간 신사옥 계단실에서 바라다 보이는 풍경

김수근 건축의 벽면에는 단지 담쟁이만 보이는 것이 아니다. 개구부를 통하여 공간의 깊이를 확인케 하는 디테일 한 공간이 여기저기서 드러난다. 장세양의 공간신사옥이 투명성을 통하여 발견하고자 했던 것이 있다면 바로 이 같은 스승의 건축을 되밟는 것이다.

화면에서 보여주는 바대로 기술한다면 김수근의 공간사옥은 장세양 건축의 원초적 모태로서 존재한다는 것이다. 이는 장세양의 공간신사옥이 현대성을 추구하되, 결과적으론 공간건축의 원형에 회귀하고 있음을 보여주는 분명한 근거가 된다고 할 것이다.

Hodgetts + Fun

공간 신사옥 내부에서 바라본 창덕궁

공간신사옥의 설계실은 한국건축의 현재와 과거를 끊임없이 탐문하는 장소적 특성을 갖는다.

5

Details

신사옥의 디테일과 신공법

_ (주) 공간종합건축사사무소

O.P.G.구법 발명의 배경 및 종래 기술내용

발명의 배경

종래의 Glass Curtain Wall 수법의 종류로는 S.S.G.(Structural Sealant Glazing System)와 S.P.G.(Special Point Glazing System)의 두 가지 방법이 있다.

S.S.G.구법은 현재 일반적인 글래스 커튼월 수법으로 2-Side나 4-Side 방식을 채택하여 사용하고 있으며, S.P.G. 구법은 공사비 및 시공방법 등의 이유로 건물 전체에 응용되지 못하고 건물의 일부분에만 적용되어 사용되어지고 있다.

S.S.G.구법은 일반적이기는 하지만 실내측의 금속제 지지틀을 이용하여 고정하는 방식으로 건물 입면의 투명성을 목적으로 하는 건물에 있어서 지지틀의 노출 등의 이유로 인하여 입면 구성에 제약을 받는다. 반면에 S.P.G.구법은 금속지지틀을 없애고 RIB Glass나 Wire와 같은 재료로 유리를 고정하여 사용하므로 건물 외부 입면 구성의 자유로움이나 투명성을 추구하는 건축물 구성에 있어 유용한 구법이라 할 수 있으나 자재 및 시공비가 고가인 것이 문제로 지적되어 왔다.

공간신사옥에 적용된 O.P.G.(One Point Glazing,가칭)구법은 S.P.G.구법의 장점을 살리면서 시공비의 절감을 목적으로 개발되었다.

종래의 기술내용

S.S.G.구법은 건축물의 외관과 개구부를 구성하는 판유리를 새시나 가스켓 등의 틈에 끼워 넣어 지지하는 것이 아니라 주위 혹은 뒷면 지지틀과 판유리와의 간격에 실리콘 고무계통의 스트럭춰럴씰을 충진해서 그 밀착 강도로 판유리를 지지시키는 구법이다. 따라서 디테일 면에서 심플하여 단순화가 도모된다는 점에 장점이 있는 구법이나 접착과학이라는 많은 미지의 부분을 포함하는 기술에 입각한 구법만으로 안이한 채용을 했다가는 부실공사를 초래하는 경우가 있어 사용에 주의를 요한다.

S.P.G.구법은 유리에 구멍을 뚫어 공학적 특수 볼트로 면과 면을 이어 유리로만 이어진 공법으로 프레임이 필요 없어 개방감을 주는 구법이다. 공학적인 특수 볼트 사용으로 유리에 풍압이 발생할 경우 구멍 주위의 집중능력을 분산시켜 풍압 및 하중에도 견딜 수 있도록 내진설계 되었다. 이 구법은 사용용도가 건물의 저층 파사드 부위에 한정되어 시공된다.

발명의 목적과 효과

O.P.G.구법은 S.P.G.구법의 과다한 시공, 자재비를 절감하는 효과가 있으며, S.S.G.구법에서의 금속철물을 없앰으로써 내외부 평면의 확장성을 부여하는 장점이 있다.

S.P.G.구법과 동일 효과를 얻으면서도 재료비 및 시공비용에서는 5배 이상의 절감 효과가 있으며, 시스템 철물설치 및 유리시공에 있어서도 S.P.G.구법이 층당 3일이 소요되는 반면 O.P.G.구법은 층당 1일이 소요되는 등 공정기간에서도 현격한 차이를 보인다.(도면 참조)

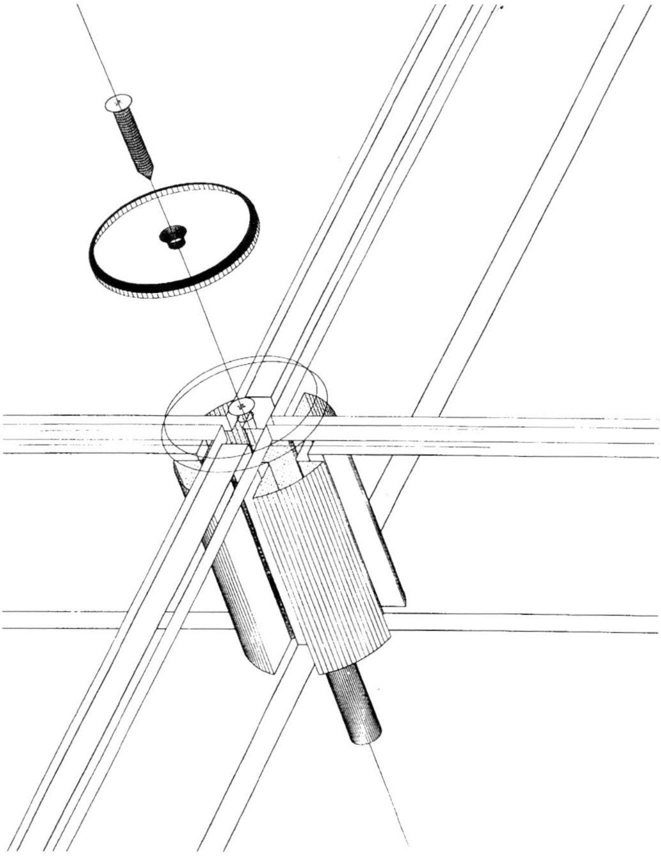

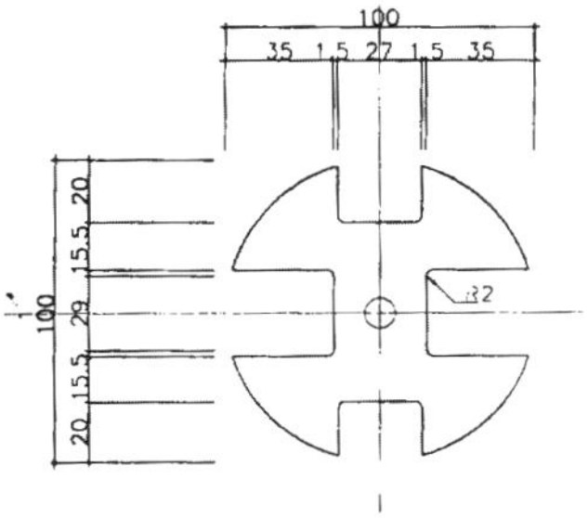

1 ANCHOR ROD (Ø100)
(FRONT DETAIL)

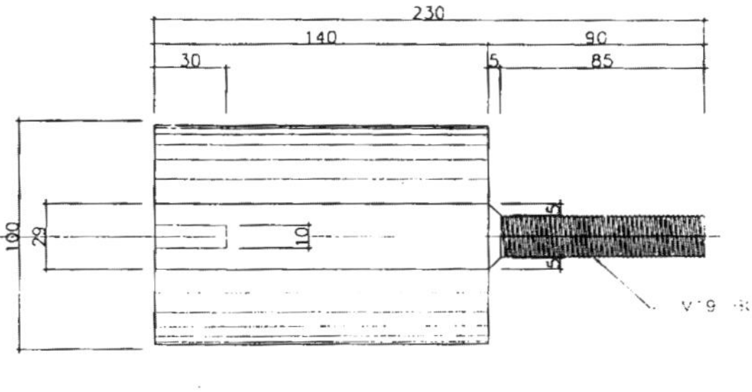

2 ANCHOR ROD (Ø100)
(SIDE DETAIL)

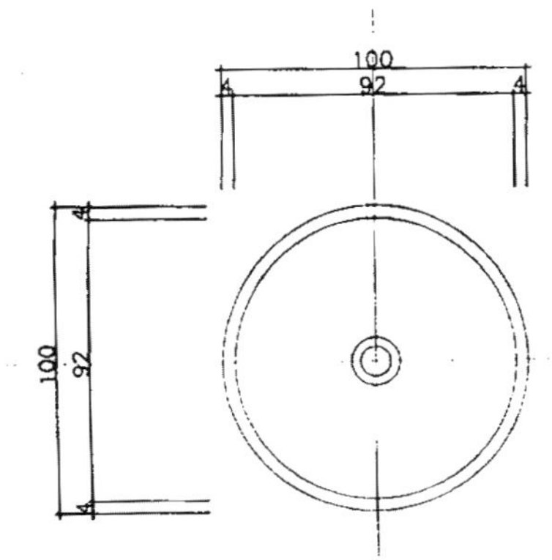

3 CAP (Ø100)
(FRONT DETAIL)

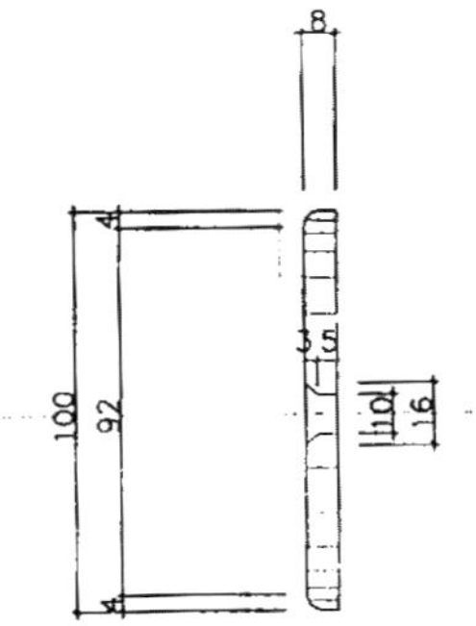

1 CAP (Ø100)
(SIDE DETAIL)

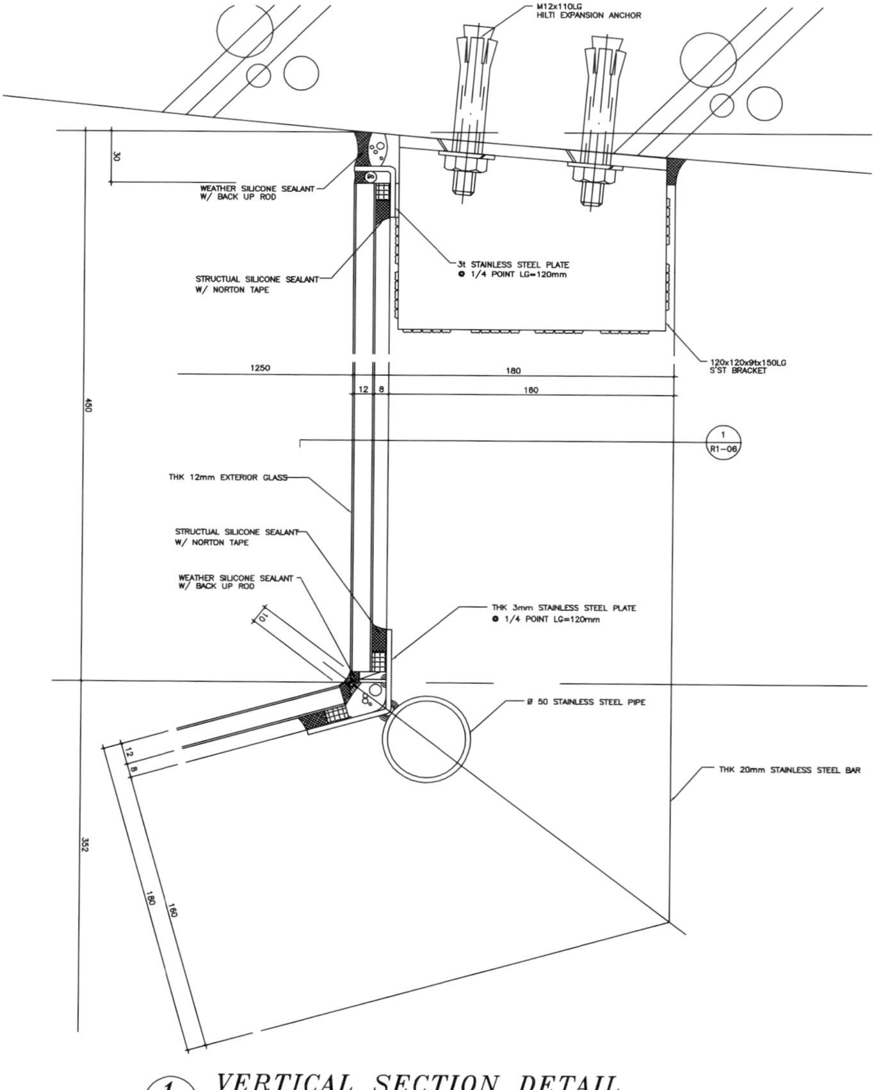

1 VERTICAL SECTION DETAIL

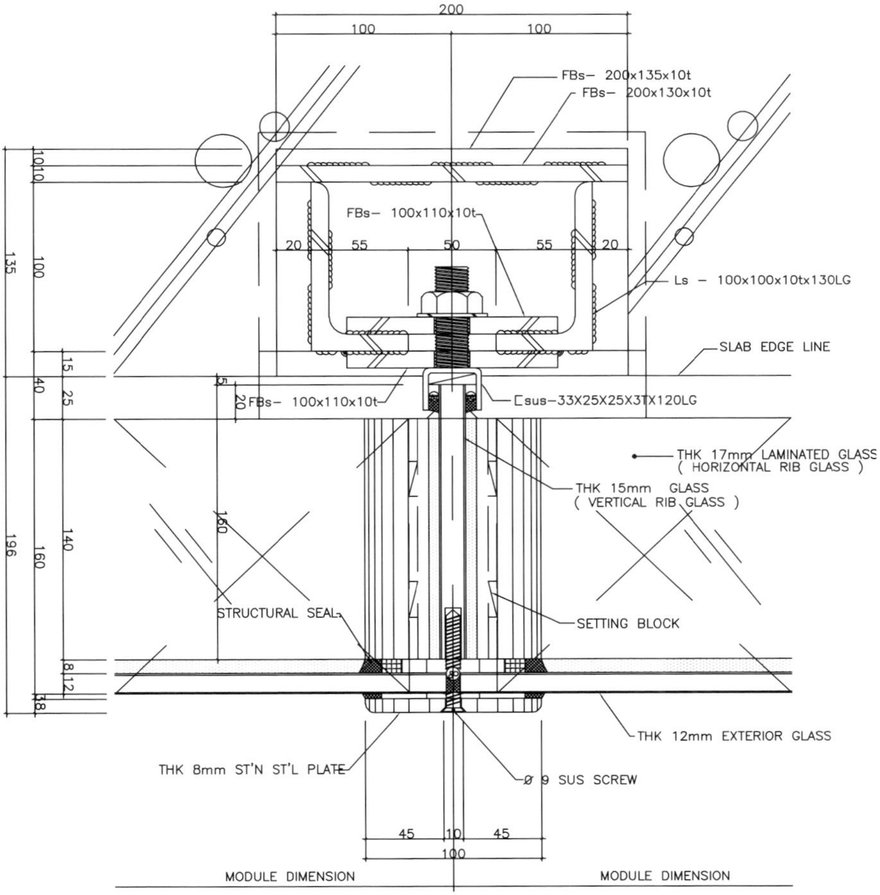

1 ***HORIZONTAL SECTION DETAIL***

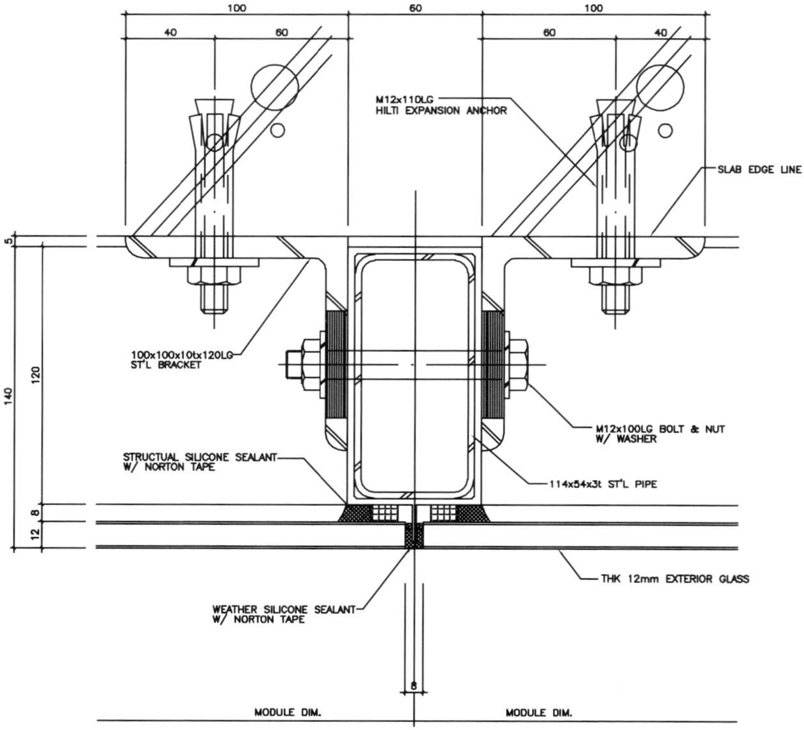

1 *HORIZONTAL SECTION DETAIL*

(堰覇り SLAB ANCHORING)

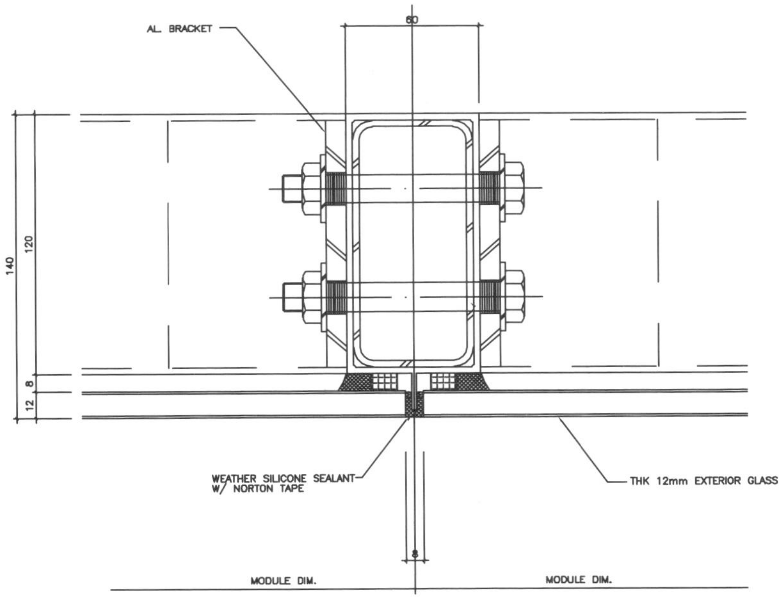

2 *HORIZONTAL SECTION DETAIL*

(TRANSOM BAR ANCHORING)

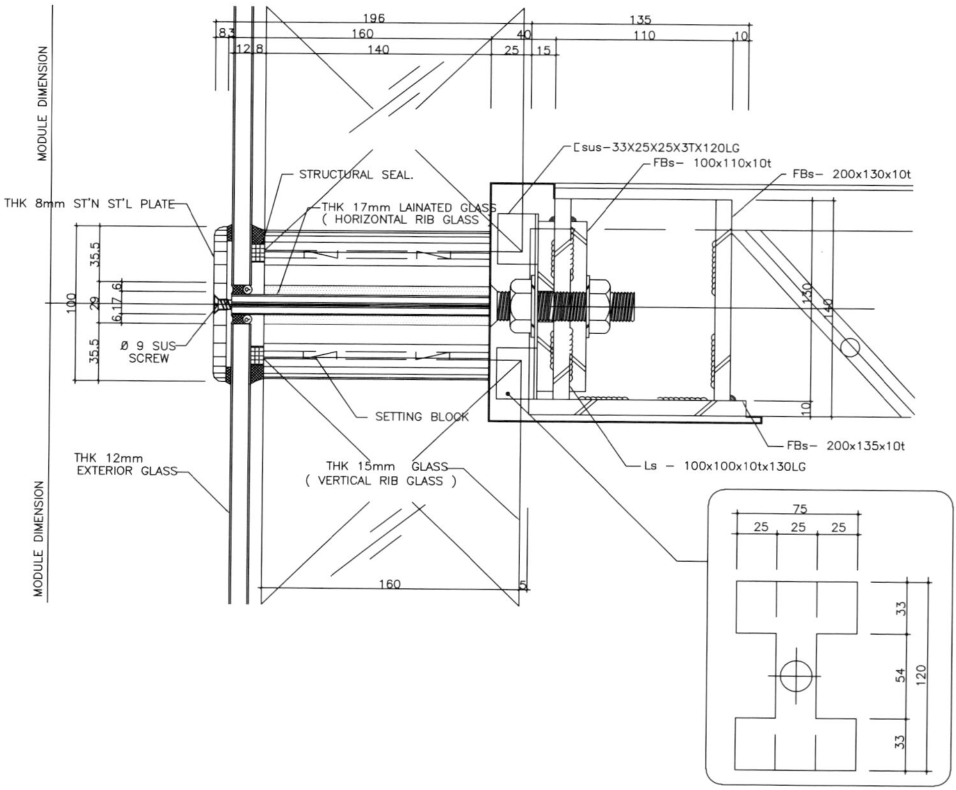

1 VERTICAL SECTION DETAIL

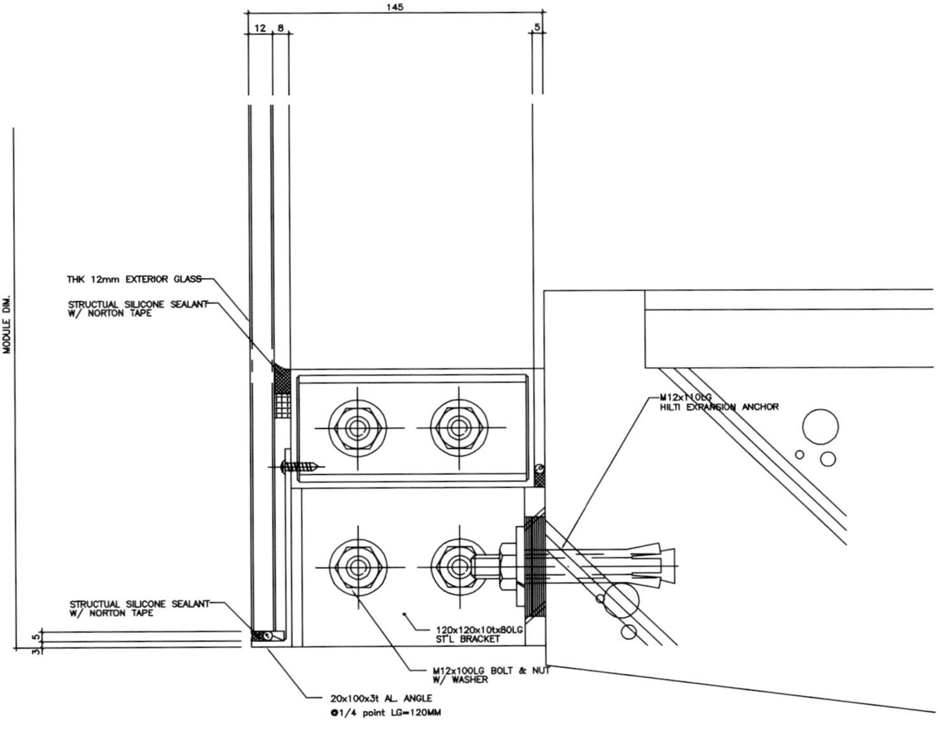

1 *VERTICAL SECTION DETAIL*

(BOTTOM ANCHORING)

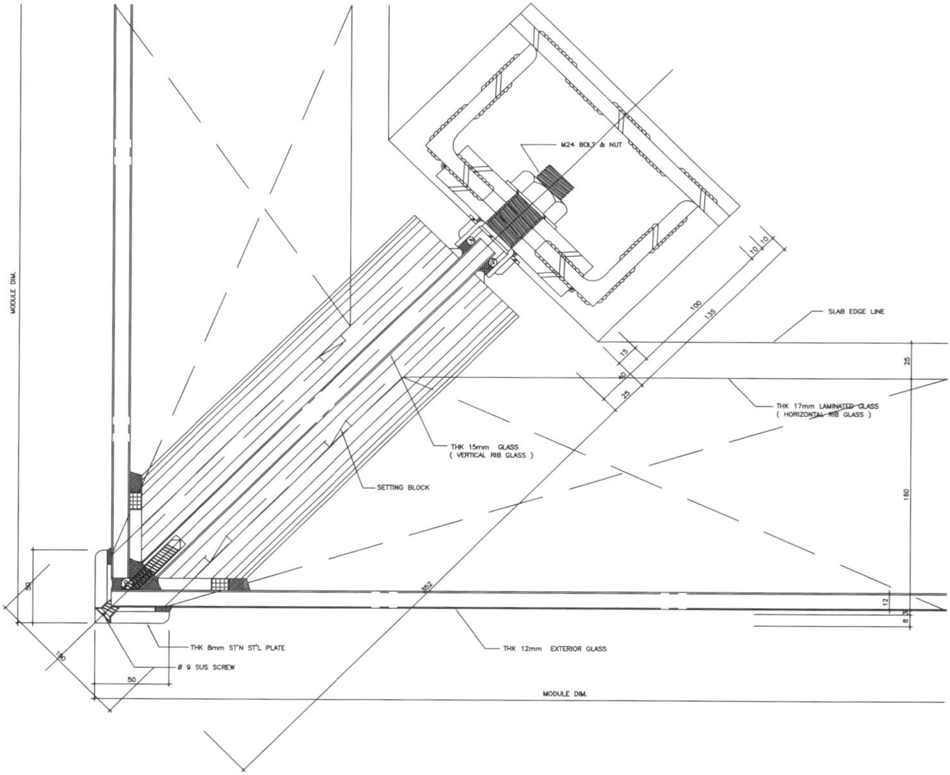

1 HORIZONTAL SECTION DETAIL

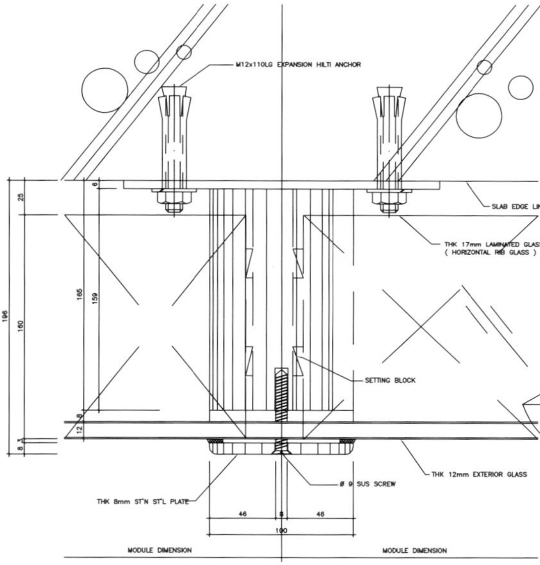

1 HORIZONTAL SECTION DETAIL

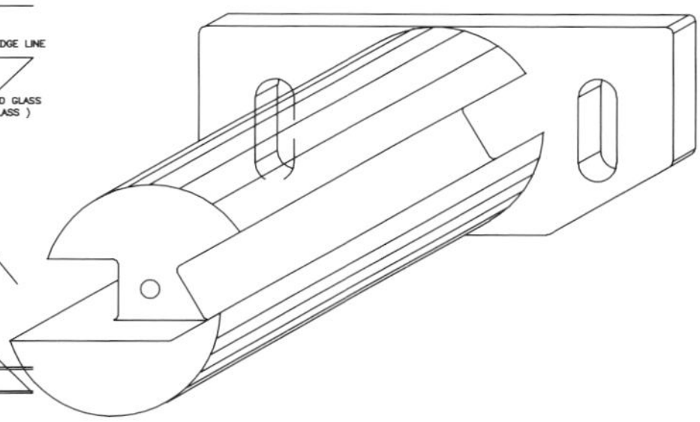

2 PERSPECTIVE

6

評說 CRITICISM

작지만 큰 집, 김수근의 공간사옥

_김정후

건축하는 사람들에게 김수근이라는 이름은 아주 커다란 느낌으로 다가오는 일종의 상징과도 같은 것이다. 그 만큼 그가 한국 건축계와 나아가서 문화계에 끼친 영향은 대단한 것이었다. 더불어 현재 한국건축에서 중요한 위치를 점하고 있는 상당수의 건축가들이 그의 문하에 있었다는 사실만으로도 그의 위치를 가늠하는데는 큰 어려움이 없을 듯 하다. 이후 제자인 장세양에 의해서 극단적 대비를 이루는 신사옥이 완공됨으로 인하여 구사옥의 모습이 더욱 두드러지고 지속적인 관심의 대상이 되는 계기가 마련되기도 하였다.

「공간사옥」은 전문가든 비전문가든 그들에 의하여 때때로 행하여지는 순위 매기기식의 인기투표에서 변함없이 1, 2등을 다투는 건물로 어지간한 일반인들에게도 그 존재자체는 충분히 인지되고 있는 명실상부한 한국 건축을 대표하는 건물 중 하나이다. 얼마 전 필자의 친구로부터 프랑스에서 온 젊은 건축가에게 한국을 대표하는 건축물 일부를 답사하며 그 중 하나로 자신 있게 이 건물을 소개한 적이 있다는 얘기를 들었다. 그런데 그 외국인의 반응은 소개한 사람이 무안할 정도로 시원치 않았다는 얘기를 접하면서 필자는 그러한 반응은 너무나 당연한 것이라고 말한 기억이 난다. 왜냐하면 「공간사옥」은 예전에도 그랬고 지금도 우리의 눈과 마음으로 가장 잘 보고 느낄 수 있는 지극히 우리다움을 유지하고 있다는 사실이다. 건축이 말이 통하지 않아도 의사소통이 가능한 그 자체가 하나의 언어라는 점에서 보면 우리가 일반적으로 「공간사옥」의 주요한 특징으로 언급하는 공간의 시퀀스(sequence)나 열림과 닫힘(open and close)의 조화 등은 동·서양 구분이 필요 없는 공통된 건축언어다. 그럼에도 불구하고 이 건물을 처음 접한 프랑스인의 눈에 이러한 언어들이 제대로 읽혀지지 않았다는 것은 이러한 건축적 어휘들을 인식하지 못한 그의 안목에 문제가 있는 것이 아니라 동·서양이 공통적으로 가지고 있는 건축 어휘일지라도 그 적용방식에 의해서 커다란 차이가 생길 수 있으며, 이것을 받아들이는 것 역시 많은 차이가 있음을 의미한다. 설사 느낄 수 있다하더라도 그 감동의 정도는 다를 수밖에 없음이다. 이렇듯 「공간사옥」은 서구적 언어로 완벽하게 해석되기에는 한계를 가지는, 김수근의 말처럼 'α'를 가지고 있는 그러면서 다른 한편으로는 한국 건축의 창조적이며 실험적 개념이 포함된 그런 집이다.

자기 중심성과 불투명성

「공간사옥」의 전반적 특징을 한마디로 정의하는 것은 의외로 간단하다. 다시 말하면 그만큼 명쾌할 수 있다는 말이다. 먼저 외견상 드러나는 것은 두꺼운 외피와 벽돌에서 느껴지는 불투명성이다. 이러한 외피는 내부 공간과 기능을 철저히 감추면서 동시에 안과 밖의 경계를 분명히 하고자 한다. 이것은 극단적으로 형태가 공간을 감싸안고 있는 형국이나 다름없다. 다음으로 내부에 들어서면 그 때부터는 누구이던 어디에 위치해 있던 간에 자기중심적으로 공간들이 에워싸기 시작한다. 내부 공간에서의 위치 이동은 곧 새로운 공간의 체험을 의미한다. 그리고 이러한 체험은 철저하게 관찰자의 시점을 중심으로 일어난다. 이러한 중심성을 토대로 만들어지는 복합 공간과 그 전개 과정으로 인하여 「공간사옥」은 지극히 한국적 특징을 지니는 것으로 비유된다. 적어도 이 건물 안에서 활동하는 그 누구도 자신의 눈높이에서 다양한 장면들이 지속적으로 형성되고 사라지는 구도를 흔히 맛보게 된다.

불투명성과 자기 중심성은 결국 외향적이라기보다는 내향적 공간구성의 특성을 갖는다. 부연하자면 「공간사옥」은 공간이 형태에 우선한다는 것을 의미한다. 그러나 실제 여타의 김수근 작품을 보면 상당수의 작품들이 강력한 형태 언어를 가지고 있으며, 이로 인하여 내부 공간의 기능과 상충되는 경우를 종종 볼 수 있고 동시에 이러한 조형성이 비판의 대상이 되기도 한다. 이러한 관점에서 보면 비슷한 시기 벽돌을 사용하여 그가 설계한 다른 건물들이 다분히 형태적 조형성을 추구한 반면에 「공간사옥」은 벽돌을 이용하되 오히려 내부 공간의 다양성에 치중하고 있다는 점에서 분명한 차이를 보인다. 물론 이 건물이 창덕궁에 인접한 강력한 내재적 컨텍스트를 지니는 부지라는 점에서도 형태에 있어서 절제된 모습을 취할 수밖에 없음은 자명하고 자연스럽게 더욱 그의 관심을 내부로 향하게 했을 것이다.

「공간사옥」의 불투명성은 벽돌이라는 재료 사용에 의해서 생겨난다. 그러나 이 건물은 그가 벽돌을 사용한 다른 건물들과는 구별되는 몇 가지 특징을 가지고 있다. 먼저 다른 작품들에서 주로 사용한 붉은 벽돌이 아닌 검은 전벽돌을 사용했다는 점과 여타의 벽돌 건물에서 유사한 방법으로 사용했던 특징적인 디테일을 적용시키고 있지 않았다는 점이다. 벽돌이라는 재료가 갖는 특징이 김수근에게 준 매력은 당시 그의 고민과 연관하여 볼 때 대단한 것이었음은 충분히 짐작 가능하다. 벽돌은 아무리 재주 좋은 사람일지라도 일단 한 장, 한 장을 정성껏 쌓아야 한다. 그것은 바로 그 자체가 건축이 보여줄 수 있는 손맛을 의미한다. 동시에 그렇게 쌓아진 벽돌에서 느껴지는 축조성과 완결성은 실상 그렇지 않음에도 불구하고 콘크리트나 여타 외장재로 마감된 건물에서 느낄 수 없는 강한 힘을 느끼게 한다. 또한 벽돌은 특별한 재료의 결합이 필요 없이 단일 부재로 건물 전체를 만들어 낼 수 있다. 단일 부재에 의하여 만들어진 건물은 형태 조작 없이도 조각적 특성과 멋을 지니게 된다. 이것은 그 건물의 규모가 클수록 더하다. 마치 특별한 치장 없이 간결한 원피스를 곱게 차려입은 여인의 모습에서 느껴지는 순수한 아름다움 같은 것이라고나 할까.

여기서 흥미로운 점은 그가 이처럼 벽돌을 사용하여 얻고자 했던 가치가 동일하게 적용된 「문예진흥원」, 「샘터사옥」, 「양덕성당」 등에서는 개개의 건물마다 다양한 쌓기 방식, 깨지거나 거친 벽돌의 사용, 줄눈의 깊이를 달리하는 방법 등을 통하여 벽돌의 장점을 극대화하고 있는 반면에 「공간사옥」에서는 돌출된 벽돌띠와 세로창을 제외하면 상대적으로 벽돌을 사용하면서도 절제된 형태를 구사하고자 했음이 역력하다. 더불어 지금의 관점에서 보면 결과적인 말이 되겠지만 붉은 벽돌로 지어진 김수근의 건물은 주변 건물들과의 시각적 대비를 통하여 강한 아이덴티티를 지니고 있으며, 이것은 시간의 경과와 함께 더욱 두드러진다. 즉, 주변의 다른 재료로 세워진 건물들이 붉은 벽돌의 건물을 더욱 대조적으로 만들고 있다는 것이다. 마치 화장 안 하고 있는 내 옆에 요란한 화장을 한 사람들이 하나, 둘씩 모여 오히려 맨 얼굴의 나를 두드러지게 하는 것처럼 말이다. 그러나 반대로 「공간사옥」은 처음에도 그랬고 지금도 불에 그을린 듯한 색과 담쟁이로 인하여 시간이 지날수록 더욱 소박함을 더하고 동시에 주변과 조화를 이루어가고 있다. 붉은 벽돌이 아닌 검은 벽돌을 사용한 것이 탁월한 선택이었음을 확인할 수 있는 부분이다.

의도된 건축적 시나리오

김수근의 건축 행보를 잠깐 살펴보면 1961년에 「김수근건축연구소」를 개소하고 66년에 이르러서는 「한국기술개발공사」 대표이사로 취임하였고, 69년에 「인간환경계획연구소」를 거쳐 비로소 71년에 이르러 지금의 「공간연구소」를 탄생시키게 된다. 이미 알려진 것처럼 김수근의 초기 활동은 당시의 군사 혁명정부의 이해관계와 상당부분 부합되어 정부 주도의 대규모 프로젝트를 수행할 적임자로 평가되었고 위에 언급한 그가 초기 몸담았던 기관들에서의 그의 활동을 통하여 짐작할 수 있다. 그러나 관주도의 대규모 프로젝트들에서 건축가 자신의 건축개념이나 퀄리티를 유지한다는 것은 지금도 그러하듯이 당시에도 어려운 일이었을 것이다. 따라서 실제 김수근 건축의 특성은 70년대 지금의 「공간연구소」의 개소와 자신의 건축언어에 대한 탐구에서부터 큰 전환점을 맞기 시작했다고 할 수 있다. 건축학자 김경수(명지대 교수)는 자신의 저서 「건축미학 산책」에서 이 건물을 김수근이 자기 과시에서 돌아와 옛 정서에 겸허하게 귀기울이게 된 단계의 작품이라는 평가를 내리고 있다.

그렇다면 그는 왜 여러모로 '공간'이라는 단어를 전면에 내세운 것일까? 당시 김수근이 범태평양건축상 수상 강연회 등 각종 강연회와 저술에서 공간에 대한 끊임없는 탐구를 하고 있음을 여러 차례 강변했던 것 등으로 추론하는 것이 일반적인 해석이며 여전히 타당하다. 초기 그가 행했던 대규모 프로젝트들에서는 당시 자신이 언급했던 공간 개념들을 적용시키기에는 무리가 있었고 이에 대한 목마름이 분명 있었을 것이다. 이렇게 볼 때 건축의 시작이자 궁극적 지향점인 '공간'이라는 상징적이며 이념적인 언어를 자신의 캐치프레이즈로 설정한 것이고 이에 대한 탐구의 실험작으로서 「공간사옥」이 탄생된 것이다. 따라서 「공간사옥」은 당시 김수근 건축의 목마름에 대한 탈출구와도 같은 것이며 본격적으로 그의 손맛을 느끼게 하는 작품이라 할 수 있다. 이 건물이 설계에서 시공에 이르기까지 수 차례의 수정과 보완 그리고 시행착오를 통하여 완공되었다는 사실에서도 당시의 애착을 짐작하고도 남음이 있다.

거시적 측면에서 「공간사옥」의 목표를 구체화하기 위하여 사용된 개념은 스킵 플로어(skip floor)에 의한 수평과 수직의 공간 분할과 그 공간들의 치밀하고 다양한 연결에 의하여 예측할 수 없을 정도의 개연적이며 긴장된 공간을 만드는 것이라 할 수 있다. '해프닝'으로도 설명되는 이러한 공간 개념은 우연성에 의하여 공간의 성격이 다양하게 규정될 수 있는 것을 의미한다. 이 작은 건물에서 한 번쯤 길을 잃어버린들 출구나 엘리베이터를 찾을 수 없는 요즘의 벙어리식 건물에서 길을 잃어버려 느끼는 불쾌함을 갖지는 않을 듯 하다. 그러나 충분히 짐작할 수 있는 사실은 건축가의 입장에서는 이러한 우연성까지도 철저하게 의도하고 있다는 점이다. 코미디언이

어느 순간에 청중들의 폭소를 자아낼 것인가를 예측하여 시나리오를 만들되 무대 위에서는 마치 즉흥적인 것처럼 보여지도록 하듯이 말이다.

한편 이 건물에서 보여지는 공간의 연속성과 긴장, 이완의 반복은 도면에서는 읽혀지지 않는 몸소 체득된 공간적 힘으로 존재한다. 김경수의 경우 앞서 언급한 책에서 보편성의 측면에서 이 건물을 의미 있게 평가하면서도 동시에 '학습기의 긴장감'을 끝까지 다 털어내지는 못했다고 비판한다. 김경수가 언급한 학습기의 긴장감이란 표현이 상당히 의미 있는 것이라 생각하며, 필자는 그 이유를 도면으로 표현될 수 없는 느껴지는 공간을 만들기 위한 과정 속에서 발생한 필연적 결과라고 생각한다. 우리가 건물을 판단하는 중요한 기준 중의 하나로 삼고 있는 도면은 경우에 따라 커다란 함정을 지니고 있다. 그 중 하나가 소위 아름다운 비례와 형태를 지닌 도면임에도 불구하고 실제 건물은 그에 훨씬 미치지 못하는 경우이다.
이와는 반대로 특별히 시선을 끌거나 그럴듯해 보이지 않는 도면임에도 불구하고 실제 건물에서는 다양한 얘깃거리를 담고 있는 경우도 있다. 이것이 바로 도면에서 느끼거나 표현될 수 없는 공간적 힘이다. 매우 흥미로운 사실은 그들이 인정하던 인정하지 않던 간에 당시 공간에서 실무를 담당했던 몇몇 건축가들의 작품들에서 유사한 방식의 공간적 힘이 지속적으로 보여진다는 사실은 당시 김수근을 포함한 공간팀에서의 연구와 개념적 공유가 일정 부분 가능했음을 예상해 볼 수 있다. 도면과 실제의 차이, 이것은 극히 상반된 두 가지 모습으로 항상 등장한다. 도면이 실제보다 나은 경우 그리고 그 반대의 경우로 말이다. 「공간사옥」 역시 도면과 실제 실현된 작품에는 상당한 차이가 있다. 그것이 비록 학습기의 긴장감일지언정 실제가 도면을 압도하는 경우임에는 분명하다.

우리는 김수근의 건축 학습에 있어서 전통건축이 그에게 준 감동을 그가 쓴 각종 저술과 그와 관련된 자료들을 통하여 직·간접적으로 접할 수 있다. 그러나 그가 그토록 감동하였던 연경당이나 부석사 등에서 느꼈던 전통건축의 경험을 실제 자신의 건물로 가져오는 데는 여러 가지 문제가 있으며 가장 중요한 것은 공간의 제약과 스케일의 문제라 할 수 있다. 실제 전통 건축의 경우 기능과는 무관하게 비교적 긴 동선과 그 흐름에 의하여 공간을 체험하는 방식을 취하고 있으며, 또한 여기서 중요한 것은 각각의 과정적 공간에서 다음 공간에 대한 암시와 상징이다. 이러한 전통 건축의 프로세스를 김수근은 「공간사옥」에서 변형되고 다분히 창조적 관점에서 접목시키는 시도를 하고 있다. 제한된 공간의 한계를 극복하기 위하여 특정한 하나의 공간에 특정한 성격을 부여하지 않는 방법은 가변성의 측면에서 장점이 될 수 있지만 경우에 따라서 기능별 공간들의 영역성이 확보되지 않음으로 인한 공간의 산만함을 야기할 수도 있다. 이를 위하여 김수근이 쓰고 있는 방법은 크게 두 가지 측면에서 나타난다. 첫째는, 철저히 계산된 공간의 크기와 스케일의 사용이다. 기존의 「공간사옥」에 대한 분석들에서는 휴먼스케일의 측면에서 각각의 공간들이 심리적 안정감과 적절한 폐쇄감을 가질 수 있는 규모로 되어 있음을 언급한다. 이것은 분명 타당하다. 구체적인 수치를 언급하지 않더라도 이 건물의 개방된 공간들에 들어서 있으면 벽이나 담으로 둘러싸여 있지 않아도 공간 자체가 주는 느낌만으로도 적절한 폐쇄감을 가질 수 있다. 이것은 사람이 인지하는 개 · 폐에 대한 느낌은 심리적 측면이 강하다는 것을 김수근은 체험을 통하여 느끼도록 하고 있음이다. 즉, 닫힌 공간은 다시 벽면의 절개와 상호관입을 통하여 협소함을 완화시키고 있으며, 반대로 열린 공간은 단차를 두거나 공간의 높낮이 등을 조절하여 적절한 공간의 위계를 설정하고 있다. 둘째는, 각각의 공간에 적절한 오브제를 설치하여 공간의 성격을 달리하는 방법도 주요하게 사용되고 있다. 공간에 놓여진 하나의 오브제는 단순한 작품으로서의 의미가 아닌 각기 다른 영역을 보여주는 상징적인 것이며 경우에 따라서 방향을 암시하는 것이기도 하다.

「공간사옥」에서 좁은 대지가 가지는 공간적 제약을 해결하기 위하여 사용된 또 다른 방법은 내부 동선을 가능한 연장시키기 위한 '길'의 도입과 하나의 공간에 하나의 확정적 기능을 부여하는 형식이 아닌 다목적 공간을 설정하고 이러한 각각의 공간들은 다시 시각적으로 중첩되어 깊이감과 개방감을 동시에 느끼도록 하는 것이다. 이러한 방식은 실상 전통건축과 부분적으로는 공통해를 가지고 있지만 또한 차이를 가진다. 전통건축에서 단일 건물의 경우 목구조이기 때문에 내부공간에 수직적 변화를 주는 것은 어려운 일이었다. 따라서 전통건축의 수직적 변화는 건물자체가 아닌 자연스러운 지형의 고저차를 적절히 이용하는 것이었고 이 경우 중요한 역할을 하는 것 중의 하나가 바로 계단이라 할 수 있다. 김수근은 이러한 전통건축의 계단이 갖는 매력을 재해석해내고 있다. 물론 이 건물에서의 계단은 스킵 플로어에 의해서 자연스럽게 만들어지는 것이기도 하지만 일반적으로 건물에서 코어의 기능으로 사용하는 것과는 많은 차이를 가진다. 가장 중요한 것은 계단이 각각의 공간에서 기능적 필요성을 넘어서 대단히 적극적으로 사용되고 있다는 점이다. 다시 말하면 이 건물에서의 계단은 좁은 공간에서 복잡한 레벨을 가지는 각각의 공간을 시각적으로 명확하게 분리시켜주며, 동시에 성격을 규정하는 역할을 수행한다. 마치 전통건축의 사찰에서 보여지는 계단의 기능을 축소하여 가져온 듯한 느낌을 갖게 한다. 또한 45° 각의 꺽임을 갖는 삼각형의 형태를 가지는 계단은 긴장감을 불러일으키며 각기 다른 공간에 대한 지속적인 방향의 암시를 가능케 하고 있다. 이것은 각각의 공간이 정확히 한 층의 높이를 가지고 분리되어 있지 않음을 해결하기 위한 것으로도 이해할 수 있다.

여기에서 분명히 알 수 있는 것은 김수근이 당시 가지고 있었던 전통 혹은 역사에 대한 생각이 어떤 것이였는가 이다. 익히 우리가 알고 있듯이 1967년에 있었던 「부여박물관」의 왜색시비 논쟁은 국내에서 사상 유래가 없을 정도로 건축문화에 대한 관심을 고조시켰고 김수근에게는 다시금 전통에 대한 심층적 사고의 계기를 제공하였다고 할 수 있다. 따라서 자연스럽게 「공간사옥」은 직설적인 전통건축의 차용이 아닌 개념적이면서 보다 적극적인 의미에서 새로운 재창조의 의지가 반영되어 있다. 즉, 과거 지향적인 역사의식이 아닌 미래지향적인 역사의식이 당시 김수근이 역사를 바라보는 관점으로 자리잡았을 것이다.

작지만 큰 집

「공간사옥」을 파악하는데 있어서 중요하게 염두에 두어야 하는 사실은 이 건물의 건축주가 김수근 자신이라는 점이다. 김수근은 이 건물에 단순한 자신의 작업장 이상의 기능을 주고자 처음부터 의도했다. 따라서 그가 이 건물에서 기대했던 중요한 역할은 바로 다양한 문화적 이벤트를 가능케 하는 것이었다. 이를 위하여 「공간사옥」에는 자연스럽게 전통건축의 대청 마루와 마당의 성격을 가지는 몇 개의 공간들이 설정되어 있다. 먼저 처음 손님이 방문했을 때 맞이하는 장소인 리셉션 홀이 그것이다. 이 공간은 절묘하게 전통건축의 마당과 같은 역할을 담당한다. 이 곳을 중심으로 각각의 주요 공간들이 연결된다. 위치상으로는 내부공간이지만 성격상으로 외부공간인 복합적인 이 곳은 공간사랑과 카페, 앞마당 등을 동시에 연결시켜준다. 이처럼 협소한 대지에서 진입부에 별도의 외부공간을 계획할 수 없는 상황에서 길과 내부공간이 바로 만나는 것에 대한 하나의 해결책이라 할 수 있다. 규모가 큰 경우를 제외하면 현대건축에서 실상 길과 건물의 경계는 벽과 문인 경우가 대부분이다. 때문에 좁은 대지에서 최소한의 전이공간 혹은 완충공간을 설정하는 것은 그리 간단한 일이 아니다. 그러므로 리셉션 홀은 참으로 소중한 장소가 아닐 수 없다. 이 곳은 이러한 기능상의 역할 이외에 그 자체가 다양한 행사를 위한 홀로 그리고 직원들의 휴식공간 등으로 사용될 수 있다. 이것은 전통건축의 대청마루가 지니는 복합적 측면과도 일맥상통한다. 전통건축의 마루가 혼례나 제사 등의 각종 행사는 물론 휴식과 작업 등을 위한 모든 행위를 담아내는 장소이듯이 말이다.

한편 이곳의 공간적 협소함이 주변 공간들과의 자연스러운 흐름으로 인하여 충분히 보완되고 있음을 또한 발견할 수 있다. 실제 전통건축의 아름다움은 개별적인 건물이 갖는 오브제적 아름다움보다는 이들의 중첩(layer)에 의해서 만들어지는 것이라 할 수 있다. 여기서 중첩이란 단순히 건물과 건물의 중첩만이 아니라 내부 공간과 외부 공간의, 자연과 건물의 중첩을 의미한다. 대청마루나 방안에 앉아서 문과 창 그리고 담장 너머로 순간 순간 보여지는 외부공간이 마치 액자에 담긴 화폭처럼 보이는 이유와 같다. 이러한 모습은 내부공간에서 외부공간을 담아내기 위한 방법으로 리셉션 홀에서 보여지는 앞쪽의 뜰과 석탑이 바로 그것이다. 사람의 호기심이 모든 것이 훤히 드러난 것보다 일부가 가려져 슬쩍슬쩍 보여질 때 훨씬 강하게 발동됨을 건축에서 입증해 보이고 있음이다. 이러한 전통건축에 대한 해석은 지속적으로 김수근 건축에서 중요한 개념으로 등장한다. 이는 그의 또 다른 작품인 「청주박물관」에서 여전히 확인할 수 있다. 동선을 따라가다 보면 어디선가 밝은 빛이 비춰지고 문득 돌아서면 그곳에 옹기종기 장독대의 항아리가 눈앞에 하나 가득 들어온다. 박물관의 기능상 실제적인 역할을 하지는 않지만 보여지는 것만으로도 충분히 여유롭다.

본격적인 문화적 이벤트를 위한 공간은 '공간사랑'이다. 이 장소를 통하여 김수근은 건축과 여타 예술 장르를 아우르는 문화예술운동의 발판을 마련하였다. 공옥진, 김덕수 등은 물론 시대를 대표하는 예술 분야의 거목들이 이 좁은 곳에서 일반인들과 어우러져 문화적 공감대를 형성할 수 있었음은 김수근의 문화예술에 대한 관심을 충분히 짐작할 수 있으며, 그야말로 비움과 채움에 따라서 공간의 성격이 확연히 달라지는 다목적 공간이라 할 수 있다.
공간사랑이 각종 문화적 이벤트를 위한 동(動)적인 공간이라면 '문방'은 비슷한 목적을 가지면서 전혀 다른 성격을 지닌 정(靜)적인 공간이다. 이 공간에 대한 당시 김수근의 언급에서 그가 이 두어 평 남짓의 공간에 나름 큰 의미를 부여하고 있음을 알 수 있다. 그는 이 장소를 속기(俗氣)가 없는 신성한 공간으로 설명하면서 서양의 서재와는 다른 정제된 공간임을 강조하였다. 그래서 그는 이 곳이 마치 한국의 정자와 같은 장소로 사용되기를 희망했다. 아련한 우리의 기억 속에 있는 옛날의 정자는 선비들에게는 풍류와 낭만을 서민들에게는 자연과 벗삼아 휴식을 취할 수 있는 장소였다. 낮은 천장에 한쪽으로 병풍이 쳐있고 소박한 가구와 방석이 깔려 있는 이 곳은 사람들이 얼굴을 마주하고 차 한잔을 나누기에는 제격인 곳이다. 공간사랑과 문방은 김수근에 의하여 부활된 우리식의 공간으로 우리 것을 찾으려는 그의 탐구에 의한 결과물이다. 그러나 현재는 아쉽게도 그 공간의 자취를 찾을 수 없다.

한국건축의 영원한 텍스트

「공간사옥」에 대한 건축인들의 평가는 아직도 다양하다. 그러나 그 가치와 중요성에 대한 평가를 떠나 우리의 현실에서 이처럼 지속적이며 동시에 오랜 시간 동안 관심과 사랑을 받는 현대건축물이 있다는 그 사실만으로도 참으로 다행스럽고 반가운 일이 아닐 수 없다. 우리가 그처럼 칭송하고 떠받드는 르 코르뷔제나, 미스 반 데어 로헤 등 건축의 거장들이 갖는 의미는 과연 무엇인가. 그것은 바로 그들의 작품에서 보여주는 개별적 아름다움이나 창조적 개념이 아니라 바로 그들의 건축에 담겨져 있는 교훈 때문이다.

지금 우리에게 절실히 필요한 것은 우리의 생각과 의식을 끊임없이 일깨워 줄 참다운 건축 스승과 작품이다. 그러나 역사가 입증해 보이듯이 건축은 사람보다 그들이 남긴 작품에 의해서 훨씬 더 많은 교훈을 후세에게 전달한다. 김수근의 「공간사옥」은 한 시대를 대표하는 작품으로 혹은 하나의 의미 있는 작품으로 평가받을 수 있다. 그럼에도 불구하고 이 건물이 그 이상으로 평가받아 마땅한 이유는 이 건물에는 우리가 찾아야 할 그리고 여전히 찾고 있는 우리 건축의 교훈적 메시지와 탐구의 땀내음이 배어들어 있기 때문이다. 「공간사옥」이 시대를 불문하고 한국건축의 영원한 텍스트로 자리매김하기를 희망하는 이유가 또한 여기에 있음이다.

7

評說 CRITICISM

장세양 건축에서의 시간 개념

_박길룡

장세양의 개념

공간사옥이 갖는 동시대성의 개념에는 크게 구분하여 세 개의 시간적 층이 겹친다. 가회동 한옥군과 창덕궁이 이루는 조선조의 시간이 있고, 한국 모더니즘의 완결이라고 할 기존의 공간사옥이 있으며, 그리고 아직은 정체가 혼미한 현재성이 켜를 이룬다. 그것은 도시적 구도에서 뿐만이 아니라 공간사옥의 성장이라는 구체성의 문제이다. 장세양의 개념은 이 동시성에서 시작된다.

건축가 자신으로서는 김수근 세대 중에 당사자로서 입장이 있다. 그는 윤승중, 김원, 김원석 등의 2세대를 앞에 두고, 지금의 이상림 세대 사이에서 제 3 세대에 연하여 있다. '공간' 의 세대는 한국 모더니즘의 어떤 인맥적 계보보다도 확연한 가계(家系)로 보여진다. 더구나 이 증축의 프로젝트는 김수근과 장세양을 직접적으로 이어대는 매개의 문제이며, 장세양으로서는 이미 있었던 구사옥의 가치보다 덜 할 수 없는 사회적 책임까지 의식하게 된다. 어려움.
그는 이 과제를 두고 시간의 반경을 좀더 넓혀 컴파스를 돌린다. 그 반경 안에는 조선의 흔건한 역사적 기억들이 포함된다. 창경궁과 창덕궁, 가회동, 운현궁이 있다. 근대화의 상징인 삼환기업이 있는가 하면 문화 진보의 가역성(可逆性)을 말하는 듯한 현대그룹 사옥이 그 안에 있다. 그것들은 이 건축을 향해 아주 구체적인 장소성의 요인으로, 또는 시각적 지표로 작용한다. 물론 근대화의 난맥, 이웃의 비윤리성이 포함된다. 구 공간의 사옥 자체가 3단계에 걸쳐 증축된 결과이다. '공간' 이 원서동에 정착하여 전(塼)을 쌓기 시작한 후 마지막 작업까지 1971년부터 6년의 시간이 소비되었다. 그 위에는 3개 세대를 거치면서 '공간인' 들의 땀이 타고 남은 재가 켜를 이룬다. 마침 공간사옥을 가로막고 있던 율곡로변의 한전변전소가 몇 년 전에 제거되었다. 공간사옥은 간선도로 이면의 건축이었던 입장에서부터 도시가로의 겉살이 된다.

시간에 대한 생각

장세양은 김수근 별리(別離) 10주기 추모 세미나에서 이 공간사옥을 출품하며, 그의 사변을 다음과 같은 요지로 말한 바 있다. 그것은 시간의 적층(積層)이라는 주제로 시작되는데, "스트라타(strata)는 지층의 쌓임을 말하지만, 꼭 물질의 쌓임만을 의미하는 것은 아니다. 시간의 흐름에서 만들어진 모든 것들, 물질적인 것 뿐 아니라 정신적인 것의 쌓임도 포함하는 것이다. 이것들은 중심으로부터의 구심력과 외부로부터의 원심력에 의해 영향을 받으며 변형되고 있다. 한 시각에 나타난 스트라타의 형상은 그 시각까지의 변화해 오는 지각의 그 시각에서의 상황일 뿐, 고정된 형상도 아니며 원초적 형상도 아니다. 이것은 태양을 중심으로 움직이는 9개의 행성과 그에 따르는 33개의 위성의 관계에서나 원자들의 세계에서 원자핵과 각각 전자들의 관계에서도 같은 논리이며, 유일하게 통일장 이론이 성립될 수 있는 블랙홀과 빅뱅에서도 같은 이치이다. 이것은 물질적인 것에만 적응되는 것이 아니라 에너지의 변화에도 동일하다.
인류의 눈으로 느끼는 것들을 시간의 흐름에 따라 기록했을 때 인류사, 즉 역사라고 부른다. 인류사가, 인류의 행적들을 쌓아놓는 것이라면 이 또한 하나의 스트라타이며 건축도 이 스트라타의 한 지층(stratum)에 속한다고 할 수 있다. 이 쌓여진 인류의 행적들은 별개로 존재하지 않으며, 시각의 축에 꿰여 공존하고 있다. 이 스트라타에서 볼 수 있는 각 지층의 단편들이 수직의 시각축에 의해 꿰여 공존하고 있고, 여러 분야의 단편들은 한 시각의 점에서 수평적으로 엮여 공존하고 있다. 현대까지의 건축은 고대에서 고딕, 르네상스......모더니즘/포스트 모더니즘, 해체에 이르기까지 서양 문명에 이끌려 왔다. 또한 봉건사회에서 민주사회로 이 민주사회가 공산주의와 자본주의로 나뉘어 변화하는 정치, 경제, 문화의 구도에서 건축은 그 사회의 요구에 따라 이끌려 온 것이다."

투 명 함

투명함이 만드는 현상은 매우 다채롭다. 시각적으로 피막이 제거되는 대신, 내부의 내용이 밖으로 드러난다. 이때 건축의 파사드는 건물의 껍질이 아니라, 안에서 벌어지는 일련의 생활양태(生活樣態)이다. 그래서 이 건축의 입면도는 엄밀한 의미에서 그려질 수 없다. 대체로 채광과 시각적 문제 때문에 스크린이 필요하게 되는데, 그것을 요소로 디자인 하면 파리 국립도서관(National Library of Paris, Paris, Dominique Perrault,1995)과 같은 구체성이 되고, 이번과 같이 블라인드가 되면 좀더 간편하여진다. 여하튼 건물의 투명성은 블라인드가 닫히거나 투과되는 정도를 따라 현상한다. 투명의 또 하나의 현상성은 밤의 조형을 따로 이루는 것이다. 이 신관의 경우, 아마 밤의 조형이 더 빛나는 건축이 될 것이다. 꼭 낮과 밤의 시간만이 아니라, 맑고 흐림의 날씨, 가을과 봄에 따라 연동(聯動)한다. 어느 때 또는 어느 순간.

질료(質料)

전체적으로 공간의 구사옥이 벽돌의 강건한 구체성을 가지고 있는데 비해, 신사옥은 허상이듯 하다. 대신 그것은 개연적으로 더 많은 현상적 소질을 갖는다. 있지 않은 듯이 있는 주체가 많은 우연성을 포함할 것이다. 김수근 시대의 공간에서 이 구사옥을 완성시킨 김원석(현, 시원건축 회장)은 벽돌의 아름다움을 다음과 같이 말한 바 있다. "벽돌은 분명 흙을 빚어 말리거나 구워내 손아귀에 잡히는 한 토막의 건축 자재임에 틀림없다. 그 쓰임새는 우리 인간의 주생활에서 집을 짓는 데 없어서는 안 될 필수불가결의 가장 기본적인 재료로 이를 모아서 한 장 한 장 쌓아 올리면 담이 되고, 벽이 되어 집도 되는 것이므로 아무도 벽돌을 부정할 수는 없다.....벽돌집이 주는 매력은 결코 물리적으로 구축된 조형물에 있다고 보기 전에 그 공간구성의 개념과 내면에 깔린 나름대로의 '기법과 정신'이 담겨져 있어야 함은 더 중요하다."

안과 밖

신사옥의 투명한 막을 건너 구사옥의 담쟁이를 본다.

투명함으로 주변의 풍경은 실내에서도 전경이 된다. 앞서 말한 모든 시간적 시각 요소들이 무한정 포함된다. 안도 바깥도 아닌 임계치가 없는 막연함. 그것이 벗기워진 거주자들의 지각적 문제이다. 아마 구사옥과 같이 거의 폐쇄적 상황에 익어왔던 사람들에게는 지각적 요인 이상으로 작용하는 설은 공간이기 쉽다. 부유하는 공간.

공간적으로 투명함은 우리가 안에 있는가, 밖에 있는가를 애매하게 한다. 그렇다고 하여 안에 있음으로서 밖의 존재와 밖에 있음으로서 안의 존재가 같은 것은 아니다. 이 경계는 오히려 거주자의 작업대, 작업등, 컴퓨터 등의 주변 요소들이 구체화하여 준다. 공간적 질량이 여려지는 대신에 오브제들의 입장이 두드러진다. 따라서 이 실내환경에서 요소 디자인의 지각적 수준이 더 중요하여질 것이다. 아직 내부에는 이것들이 조절되어 있지 않다. 다시 말해 실내의 요소 디자인과 투명의 형식간의 괴리(乖離)가 남아 있다.

형태로부터의 벗어남

투명함은 가벼움이다.

이러한 가벼움은 그동안 장세양, 그가 개진하여온 경기도립박물관(용인, 1992~95), 국립대구박물관(1989~94), 국립김해박물관(1992~95) 등과 현저하게 비교된다. 경기도립박물관에서 전체적인 질료(質料)는 매우 무겁고 질박한 것이었다. 상당한 만큼 형태 조형에 힘을 기울이고 있었다. 물론 여기에서 연구 · 관리 부분의 유리 상자가 개입되어 있으나, 그것은 주제인 괴체의 조형에 부가적으로 상대하는 정도이었다. 국립대구박물관은 그 지배형태인 구형(矩形)의 틀을 만드는 것과 벽돌의 수단이 동조되어 있다. 그만큼 단단한 조형이었다. 국립김해박물관에서 형태 조형에 대한 관심은 더 깊다. 원과 방형을 안팎으로 구도하며, 기하학적 도형에 가까운 이 형태를 만들기 위해 콘크리트와 벽돌의 소재가 유효하였다. 건축에 있어서 형태에 대한 의구심과 일탈(逸脫).

이 증축 건축은 하이테크의 방법은 아니나, 공예도 아니다.

이 공간의 증축에서 있으나, 없는 듯한 가벼움이 아주 확고하다. 그것은 공간을 해체하지 않고도 탈형태의 변증법적 이해에 둘 수 있는 방법을 말한다. 그러면서도 유지하여야 할 인연. 결국 우리들의 시간은 겹침의 깊이에 따라 보편해로서 의사소통이 이루어지기 시작한다. 그것이 몇 가지 극단적 대립을 만들면서도 앞 건축과 뒤 건축의 정서를 큰 틀로 이야기할 수 있는 개념이다. 이것이 '관계의 미학' 이다. 어쩌면 장세양이 마지막까지도 판단을 주저하였을지 모르는 관계의 이해이다. 이 관계에는 긴장이 어려 있다. 이 긴장은 다시 상당한 시간을 가지고 해소될 지 모른다. 최소한 그는 형태조형에서 해방하였다. 그리고 나머지.

8

評說 CRITICISM

공간신사옥, 미디어적 건축의 '순응'과 '과장'에 대하여

_ 전진삼

유리를 뒤집어쓴 집이 하나둘이 아님에도 이 집이 유독 화제의 중심에 오르는 이유가 있을 법하다. 유리의 투명성을 끝까지 지키고자 했던 건축가의 최초의 의지의 구현은 시대적으로 100년을 거스르는 기술력의 역류라는 비판적 대상의 소지가 있다. 그럼에도 불구하고 이 집에서 사용되어지는 유리 건축의 기술이 현대인의 정서적 환경을 재구축하는 쓸만한 공간작법의 일단으로 읽힐 수 있다는 것에 이르러서는 앞서의 비판적 시각이 더 이상 유효하지 않다는 점에 독자는 동의하게 될 것이다.

이 집은 김수근에 의한 1970년대 '원서동 공간사옥'(이하 '구사옥'으로 표기)에 이어지는 1990년대 후기의 공간 제2세대를 이끌던 작고 건축가 장세양의 작업이다. 구사옥은 가뭏게 탄 전벽돌로 겉을 두르고 지극히 절제된 형상으로 외부 세계와 관계를 맺는 디자인 수법으로 일관하며 건축공간의 유연한 흐름과 적절한 충돌로 인해 야기되는 공간 경험의 미묘한 재미를 던져주는 특색이 있다. 게다가 건축물 안팎에 놓여지고 달라붙은 옛 물건들과 무성한 담쟁이 등속의 물상과 이 건물내에서 소화되었던 1970~80년대 민간 차원의 문화예술운동이라는 역사성까지 끼어들어 어지간한 현대의 건물에서는 발견할 수 없는 집의 기품이 돋보인다.

장세양에게 구사옥의 정체성은 자기 건축의 생산을 이끄는 전제가 되는 것이며, 결과된 이 집을 놓고 보건대 그것은 '순응'과 '과장'이라는 두 개의 코드를 병치시키고 있다는 해석과 함께 한다. 이 집이 놓여진 곳은 조선조 궁궐인 창덕궁이 인접해 있다. 이 집 대지 주변의 상황이 심상치 않은 이유가 된다. 애당초 구사옥의 동측면 벽의 개구부가 창덕궁을 향하여 층별로, 공간 영역별로 의미있는 뚫림을 하고 있는 형상은 관조 대상으로서의 창덕궁의 가치와 더불어 하나의 지표 위에서 도시의 서로 다른 역사성을 증거하고 있는 건축대상의 경이로움에 관계하려는 건축가의 열망으로부터 가능했던 것이라고 나는 믿는다. 그것을 장세양은 스트라타(strata/地層)라는 언어로 압축시킨 바 있다. 그것은 순응하는 건축가의 태도로 볼 수 있다.

그가 주도한 이 집의 형상성에서 나는 작의의 과장법을 발견한다. 구사옥으로부터 창덕궁의 경치를 투시하는 이 집에 대한 장세양의 드로잉은 건물의 3면이 투명한 유리 커튼에 의해 둘러 쌓임으로써 매스의 비물질화를 꾀하고 있으며 그것으로 인하여 시점의 다양성이 의미를 찾게 되고, 내외부 공간의 관계가 동시성을 득하게 됨으로써 전반적으로는 떠 있는 공간의 성징을 갖게 설계되어졌다. 이 집에서 살고 있는 사람들의 시점에서 구사옥의 동측면 담쟁이가 있는 벽의 배경과 이전부터 있어왔던 탑과 허름한 한옥으로 감싸진 안마당은 이 집의 층간에서 기대 이상의 발견되는 자연공간의 변화무쌍한 형상으로 드러나고 있다. 이는 비입주자들로부터 제기되었던 입주자 시점의 시나리오 결여에 대한 지적의 성급함에 반하는 실재인 것이다.

이 집은 구사옥과 고궁이라는 중간에 끼여있는 시선의 흡수와 투과 및 발광이라는 건축의 미디어적 상상력으로부터 조형되고 있다. 도시의 오브제라기보다 미디어라는 매개적 공간개념에 충실하고 있는 것이다. 그 결과 이 집은 입주해서 사는 사람들에게 겨냥된 기능의 적실함보다는 더러 불편함이 강요되고 있는 부분도 적지 않다. 작가가 구현하고 싶었던 의사의 과장이다. 1층 필로티 부분의 빈 공간은 중간에 끼여있는 허름한 한옥채가 이 집이 놓여진 땅을 수축하는 외부요인으로 작동하고 있는 것을 장세양은 그 채의 부피만큼의 땅을 비워냄으로써 수직적으로 팽창해 오르는 이 집의 운동성에 힘을 받쳐주고 있다.

이 집을 구경한 많은 사람들이 여름나기가 힘들겠다고 우려한다. 겨울나기도 만만치 않을 거라고 염려한다. 정작 이 집에 사는 사람들은 특별히 불평하지 않는다. 저마다 밖으로 보이는 세상에 대하여 신비함을 입에 담는다. 참을 수 있을 만큼의 불편은 오히려 사람의 성정을 정상적으로 돌려놓는 공간의 마력과도 같은 것이 있는 법이다. 문제는 빛과 열의 차단을 목적으로 스크린이 내려진 이 집이 1년 내내 하루의 일정 시간 외에는 미디어적 건축으로서의 순기능을 다할 수 없다는 데서 보여지는 과장된 작의의 의사에 있다. 그것은 장세양의 손이 끝까지 닿지 않았다는 한계상황으로부터 기인하는 것일 수도 있었겠지만 순간적인 상상력이 오래 지속될 수 있는 굳건한 상상력이 될 수 있을 거라고 판단하는 미디어적 발상의 오류라고 보아도 무관하리라.

ESSAY

Kim Swoo-Geun,
A Special figure in Korean Architecture

_ J. S. Jahn

We used to call him Mr. Principal. Or The Boss.

Different people have different memories of the man. But Practically every one of his confreres and junior architects treasure the remembrances of their personal contacts with him in their heart. These people are held together by one binding force, Kim Swoo-geun the man. Inasmuch as many architects of some reputation in Korea were anxious to meet and work with him, the immensity of recollections left in his wake is truly daunting.

Though he has been dead for several years, I often feel as though he were still with us. I become aware of this whenever I find myself confronted with a tough problem. I would ask myself: "What would he have done if he were here?" But it does not necessarily mean that I am enervated in the mindless sorrow of his loss. I am only trying to say that I take pride in having personally known him.

Kim Swoo - geun made a spectacular debut in the field of Korean architecture by winning the first prize in a government design competition for a National Assembly building. Though the particular project to be sited in Seoul's Namsan area was later canceled, the project marked the skyrocketing emergence of the 30 - year - old architect and the refreshing reverberation it then touched off among his colleagues.

Never a man to lack causes, he soon was caught at the center of a bitter controversy. This was kicked off by an allegation that his design for the Buyeo National Museum in the 1960s had reflected tons of influence that must be traced to Japan, the country that once colonized the peninsula. It was in fact the first cause célèbre of its kind in Korea. For the first time the populace came to realize that architecture could be hot news. Cons and pros as voiced emotionally by critics and proponents made dancing headlines for days on end. Indeed serious debates ensued in the meaning of traditions in architecture. In the meantime, Kim designed massive exposed-concrete structures like the Freedom Center.

By this time he had already launched Space, an ambitious monthly magazine which was to encompass not only architecture but arts in general. In 1971 the Space building, now the old wing of the Space Group of Korea headquarters, was constructed to serve as the stage for a variety of cultural events. It was here that Paik Nam-june's video show was staged for the first time in Korea. There too spontaneous gatherings for tea and music became a daily event, with Kim relishing his role as a generous host. He made sure of sharing the aroma from some exotic brands of coffee and tea that he had picked up on his frequent trips abroad. There was jazz to enliven these get-togethers. There was an interminable exchange of views on arts.

The Space building was the veritable sarangbang of the old days, a Korean version of "salon" where the master, not the mistress, of the house and his visitors enjoyed swapping opinions on arts.

Kim Swoo-geun's special attachment to his sarangbang resulted in the construction of a mini theater in the new wing of the headquarters building. The coffee shop was moved to the new wing, its scale expanded to include a "craft corner" for introducing well-designed articles of daily use. The original site was converted into an art gallery. More people visited the sarangbang of the Space as its master and his friends began to discover folk and shaman artists across the country. The small theater provided them with a springboard to stardom.

Kim also kicked off extensive art education programs for the general public. In the same vein, avant-garde music, installation art, happenings and all manner of up-to-date developments in arts were introduced at the theater. Kim, in the eyes of some of his admirers, even was something of a "renaissance patron" of arts and architecture in Korea.

He was commissioned to design a sports complex of international scale in Jamshil in 1971. Since then for more than 15 years until the 24th Olympic Games of 1988, sports facilities were continuously constructed in the Jamshil area, first to international standards and, after Seoul was chosen to host the 1988 Summer Games, expanded to Olympic dimensions. The Olympic Main Stadium and the Gymnastics Hall of Kim's design came to the focus of attention from architects worldwide. In 1980 he was asked to give a keynote address at a large international meeting of architects in Tokyo.
Kim Swoo-geun was certainly a special figure in Korean architecture. It might be hard to see a man like him in Korean architecture in the foreseeable future. We bemoan his death at age 55. While ill in bed he was baptized a Catholic.

10

ESSAY

Chang Sea-Young' s Reason Based Insightful Core of Physics,「I-Ki」

_ Park, Gil-Yong

I believe in the strength of the architect Chang Sea - Young can be categorized into two main qualities. One is the great depth of his self-consciousness and the other is the scope of his humanistic virtues. However, these two strengths were the very cause of his early death. His self-consciousness entrapped him in constant tension while his humanistic virtues incurred heavier loads of responsibility. The bleakness of his personality hidden beneath his deep self-consciousness is what I chiefly criticize of him as a friend. In other ways, he resembled Kim Swoo-Geun. In some ways, he wished to be very much like Kim Swoo-Geun, too.

Chang Sea-Young and 「Space」 were able to recover their lost sense of orientation in 1990 when they won layout contests for three museums - The Taegu National Museum(1989), The Kimhae National Museum(1991), and The Kyonggi Province Museum(1995). Chang Sea-Young expresses his obsession with form in the architecture of these three museums. His expression is extremely vivid. Expression as the end-product is more greatly valued above in-depth contemplation on the artistic theme. Chang's construction methods are similar to Kim's syntactic method while they at the same time stress a strict hierarchy of form and a stark contrast in material. This is what I see as the product of Chang's self-consciousness toward 「Space」's legacy he feels obliged to pass on.

A good example of Chang's works transcending beyond the emphasis on visible form as the final concentration of expression was his plan for the extension of 「Space」office building. Embedded in his plan was the heritage of Wonseo-dong, and the in-depth knowledge of the surrounding areas, and above all, the solemn respect for the existing 「Space」building and the selection of the transparency factor.

At seminar entitled 「A New Horizon in Modern Korean Architecture」held in June 1996 to commemorate the 10th anniversary of Kim Swoo-Geun's death, Chang wished to discuss his new architectural ideas, using the plan for an annex for the 「Space」building. He began the discussion by referring to 「STRATA-Levels of Time」. That very autumn, he himself vanished for eternity into accumulated time. An irony of time.

On the night of September 5, 1996, Chang took his last breath in the dark silence of the vacant 「Space」building.

Architects of the early post-independence era lived in a different social environment from those of the colonial days and those of the later post-independence era. Chang concerned himself with many questions that architects in their 40's and 50's were pondering.

He received his education in architecture from Modernists. Universities fell short of providing satisfactory education in both qualitative and quantitative terms. Many lacked the historical perspective of architecture and sought self-consciousness from a mental outlook characterized by a confused intertwining of tradition, modernity, and universality.

He spent his youth in an industrial era in which culture was non-existent. He was taught by senior architects who find it difficult to see architecture as part of culture. In the late 1970's, national projects were focused on a 「construction drive」and the only form of public culture was formed in memorial projects stemming from state-centered culture. Nevertheless, Chang worked with 「Space」, the largest cultural group at that time. The later stage of the industrial era experienced a pluralistic culture shock

witnessed in advanced countries. Chang found himself in a dilemma, struggling between Korean local peculiarity and global universality.
Such a struggle formed the foundation of his thinking, posing as great potential as well as limitations of the post-independence generation. These architects thought within the framework of conflicts between modernism and regional values and between arbitrariness and universality.

The first generation of architects of the colonial days to contemporary times, the second generation of architects of the construction culture era, and the third generation including Chang Sea-Young were all people of an era of transformation. Korea has undergone dramatic transformations during its 50 years of contemporary history. No other state has experienced such drastic cultural changes in a short time span of 50 years. As a man of such an era, Chang was never free from tension and responsibility. He learned that construction must be viewed from a conceptual standpoint, that his artistic expressions must be socially beneficial, and that all forms of architecture must be based on creativeness.

Chang Sea-Young was a man of Kyongnam Province at heart. This was evidenced in his mindset, behavior, and the characteristics incorporated into his architecture. He said he enjoyed studying physics more than architecture; his major, in college. So he probably did not learn about the concept of 「I-Ki, the reason based insightful core of physics」which he talked about so passionately right up to his death, by simply studying it.
He spoke in colloquial language with less than perfect syntax. So it was confusing to try to understand him by analyzing syntax. One had to listen carefully to his keywords, as his speech was not very constructive. It was a

mere list of modifiers and short phrases.
He tried to apply the thought of Twaegye(Lee Hwang) to his architecture and create a link between the identity of traditional Korean culture and his own individuality. In creating a layout for the expansion of the 「Space」building, he was very careful not to dismiss the traditional elements while at the same time endeavored to search for his unique architectural form.

「Space」was expected to be able to refocus itself under the direction of Chang Sea-Young, with inspiration from several international projects. The master plan for the rebuilding of the Chulalongkorn National University in Thailand(Bangkok, 1996) and Vision City of Malaysia(Kuala Lumpur, 1995) were two successful Southeast Asian projects that provided encouragement, As a monthly magazine on the general arts, 「Space」strived to fulfill its globalization efforts beginning with Asia.

부록

공 간 사 옥 설 계 도

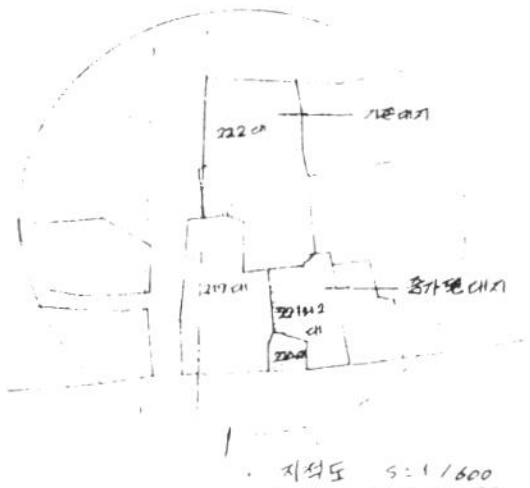

지적도 S: 1/600

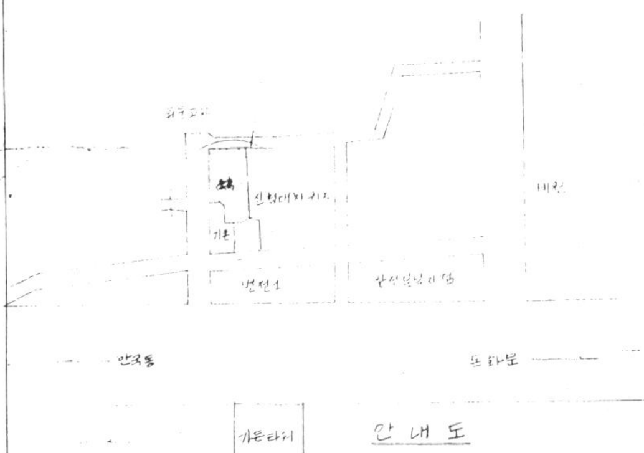

안 내 도

구 적 도 S: 1/100

면. 적 표

증축		기존		증축 + 기존	비고
층 수	면 적	층 수	면 적		
지하 2층	158.74 M²			158.74 M²	
지하 1층	110.88 〃	1 층	52.40 M²	163.28	
1 층	107.81 〃	1 층	63.40 〃	171.21	
중 2 층	53.36 〃			53.36	
2 층	154.67 〃	2 층	64.46 〃	219.13 〃	
3 층	135.51 〃	3 층	46.02	181.53 〃	
		4 층	64.46	64.46 〃	
		옥 탑	7.01 〃	7.01 〃	
4(옥탑)층	42.53 〃				
계	763.50 M²	계	297.75 M²	합계 1,061.25 M²	
대지면적	313.62 M²(증축) + 113.06 M²(기존) = 426.68 M²				
건축면적	154.67 M²(증축) + 64.46 M²(기존) = 219.13 M²				
연면적	763.5 (증축) + 297.75 M²(기존) = 1,061.25 M²				
건폐율	219.13 ÷ 426.68 × 100 = 51.36 %				
용적율	1,061.25 ÷ 426.68 × 100 ≒ 248.7 %				

구 적 표

증축대지 구적표

번호	면 적 내 용	비 고
①	11.7 M × 4.0 M ÷ 2 = 23.4	
②	13.3 × 2.4 ÷ 2 = 15.96	
③	23.55 × 5.3 ÷ 2 = 62.40	
④	16.7 × 4.3 ÷ 2 = 35.90	
⑤	9.0 × 2.7 ÷ 2 = 12.15	
⑥	7.6 × 2.6 ÷ 2 = 9.88	
⑦	4.7 × 0.8 ÷ 2 = 1.88	
⑧	7.5 × 2.4 ÷ 2 = 9.0	
⑨	7.5 × 5.3 ÷ 2 = 19.87	
⑩	23.75 × 2.3 ÷ 2 = 27.31	
⑪	12.5 × 1.9 ÷ 2 = 11.875	
⑫	12.5 × 2.24 ÷ 2 = 14.0	
⑬	13.9 × 2.9 ÷ 2 = 20.155	
⑭	13.9 × 4 ÷ 2 = 27.8	
⑮	9.1 × 1.3 ÷ 2 = 5.915	
⑯	5.3 × 2.9 ÷ 2 = 7.685	
⑰	8.7 × 1.4 ÷ 2 = 6.158	
계	= 313.62 M²	

기존대지 구적표

번호	면 적 내 용
㉮	18 M × 2.7 M ÷ 2 = 24.3
㉯	18 × 1.6 ÷ 2 = 14.4
㉰	17.8 × 1.6 ÷ 2 = 14.24
㉱	13.9 × 2 ÷ 2 = 13.9
㉲	13.8 × 4.3 ÷ 2 = 29.67
㉳	9.4 × 0.9 ÷ 2 = 4.23
㉴	8.8 × 2.8 ÷ 2 = 12.32
계	= 113.06

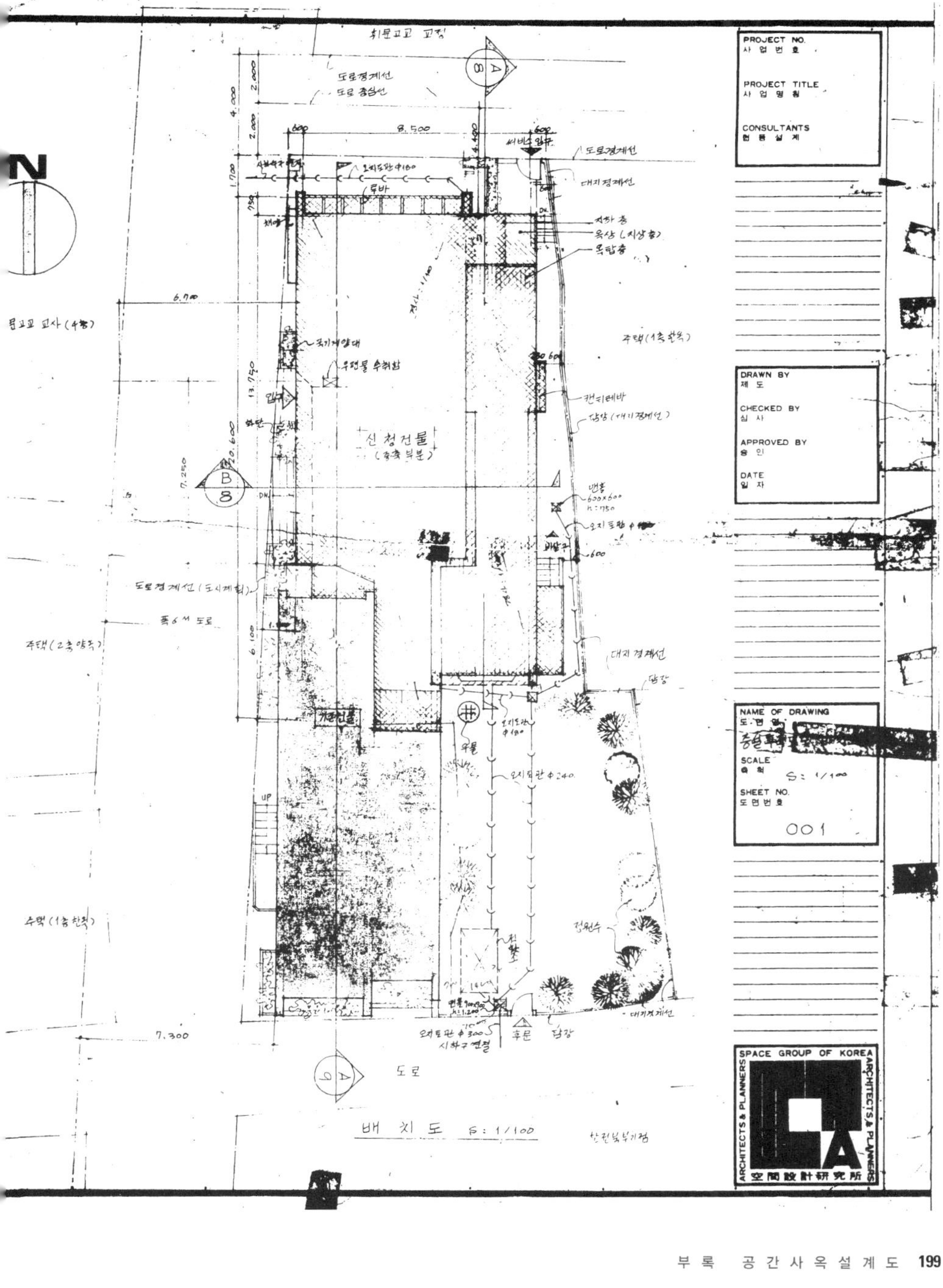
PROJECT NO.
사 업 번 호
PROJECT TITLE
사 업 명 칭
CONSULTANTS
협 동 설 계
DRAWN BY
제 도
CHECKED BY
심 사
APPROVED BY
승 인
DATE
일 자
NAME OF DRAWING
도 면 명
SCALE
축 척
S : 1/100
SHEET NO.
도 면 번 호
001
SPACE GROUP OF KOREA
ARCHITECTS & PLANNERS
空間設計研究所
배 치 도 S : 1/100
도로
도로경계선
도로 중심선
신 청 건 물
대지경계선
폭 6 M 도로

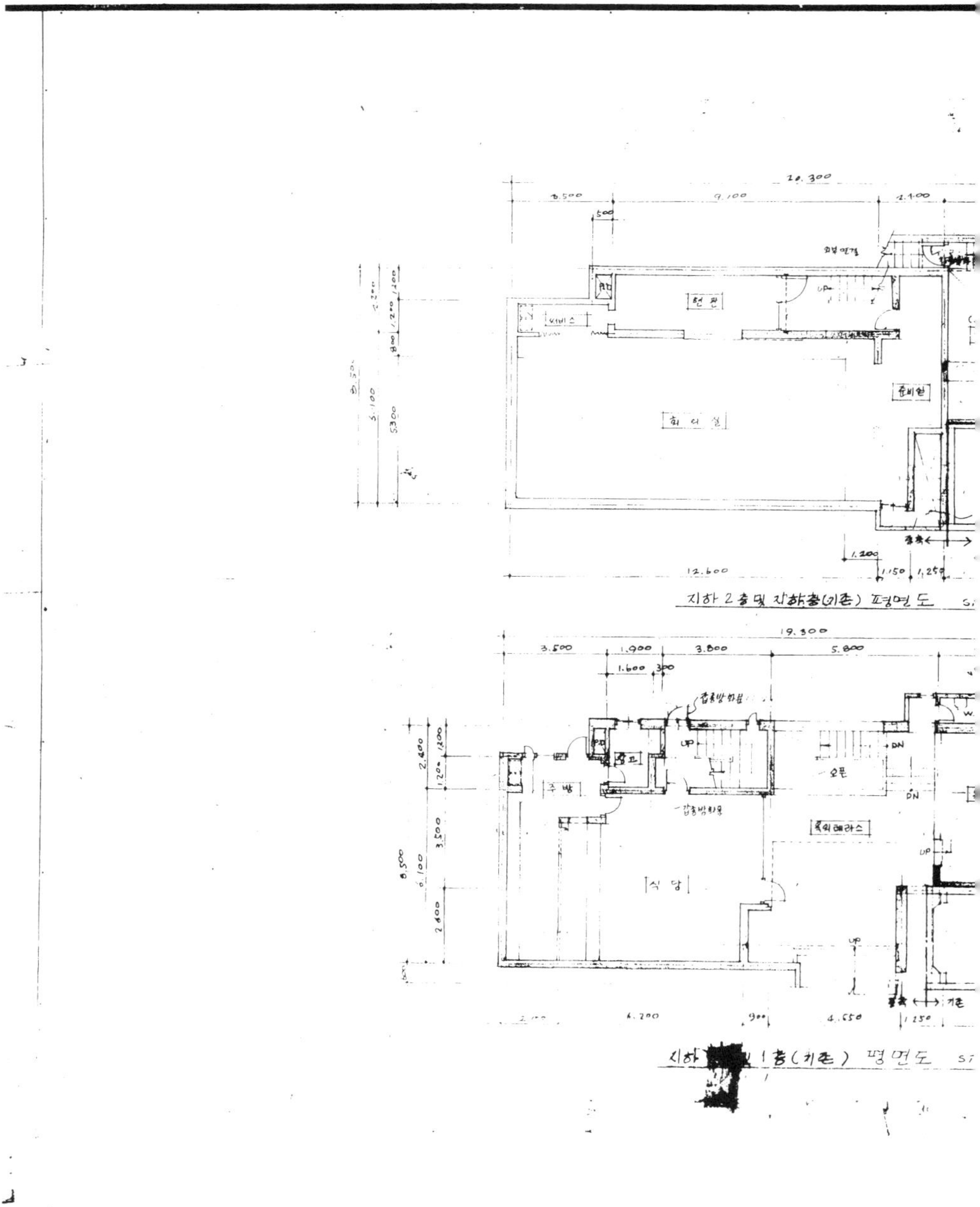
20.300
현관
회의실
준비실
지하 2층 및 지하층(기존) 평면도
19.300
주방
식당
오픈
옥외테라스
UP
DN
1층(기존) 평면도

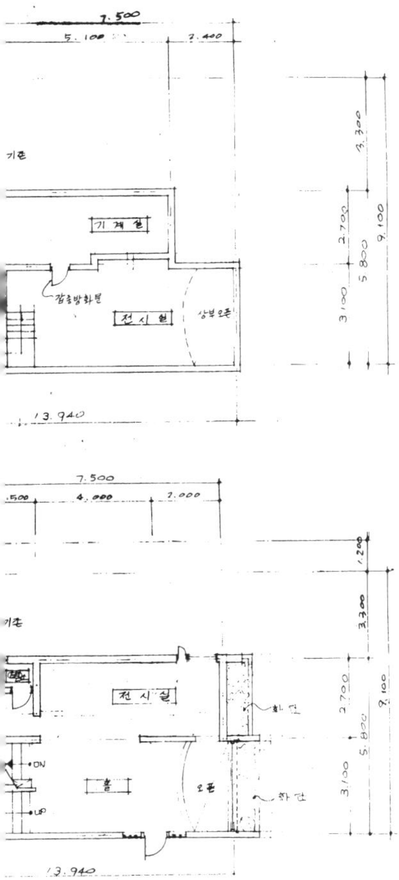

PROJECT NO.
사업번호

PROJECT TITLE
사업명칭

CONSULTANTS
협동설계

DRAWN BY
제도

CHECKED BY
심사

APPROVED BY
승인

DATE
일자

NAME OF DRAWING
도면명
지하 1.2층 평면도

SCALE
축척 1/100

SHEET NO
도면번호
002

SPACE GROUP OF KOREA
ARCHITECTS & PLANNERS
空間設計研究所

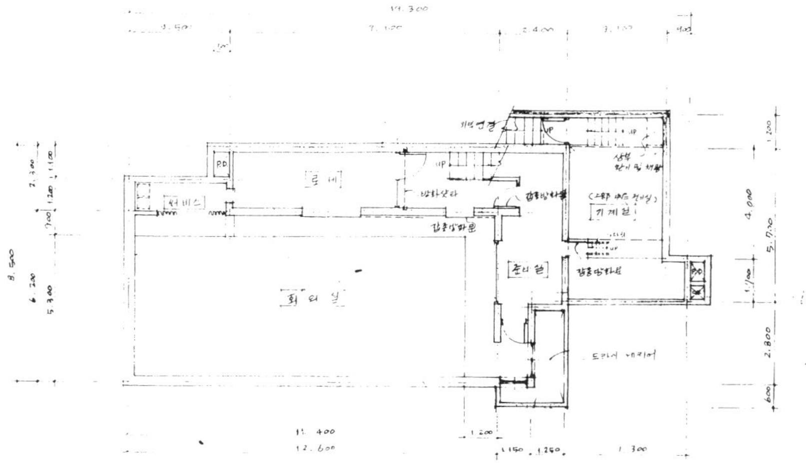

지하 2층 평면도 S: 1/100

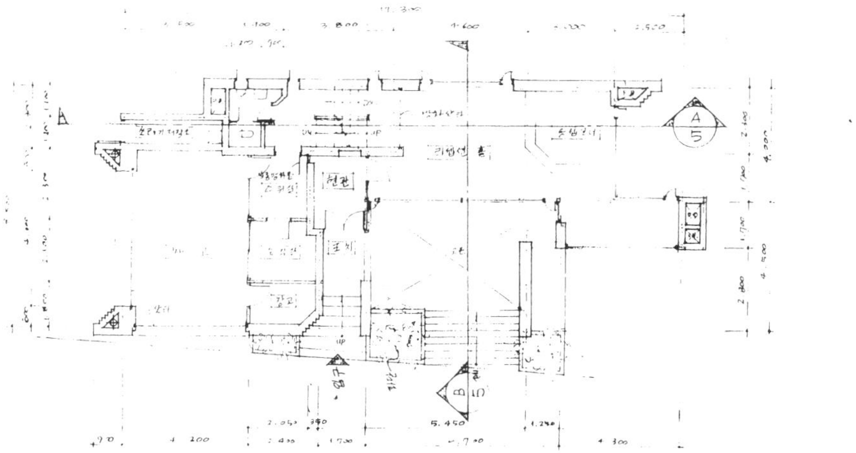

1층 평면도 S:1/100

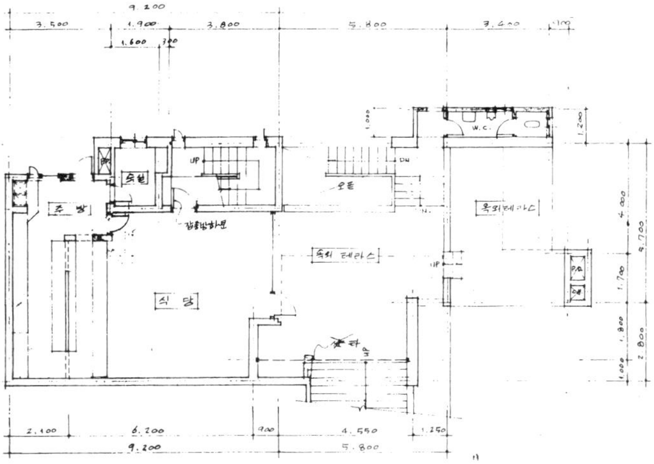

지하1층 평면도 S: 1/100

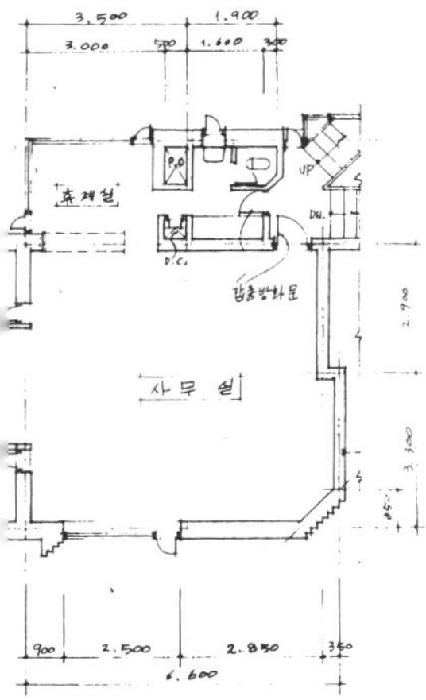

중2층 평면도 S: 1/100

PROJECT NO.
사 업 번 호

PROJECT TITLE
사 업 명 칭

CONSULTANTS
협 동 설 계

DRAWN BY
제 도

CHECKED BY
심 사

APPROVED BY
승 인

DATE
일 자

NAME OF DRAWING
도 면 명

평면도 (1)

SCALE
축 척

1/100

SHEET NO.
도 면 번 호

002

SPACE GROUP OF KOREA
ARCHITECTS & PLANNERS
ARCHITECTS & PLANNERS
空間設計硏究所

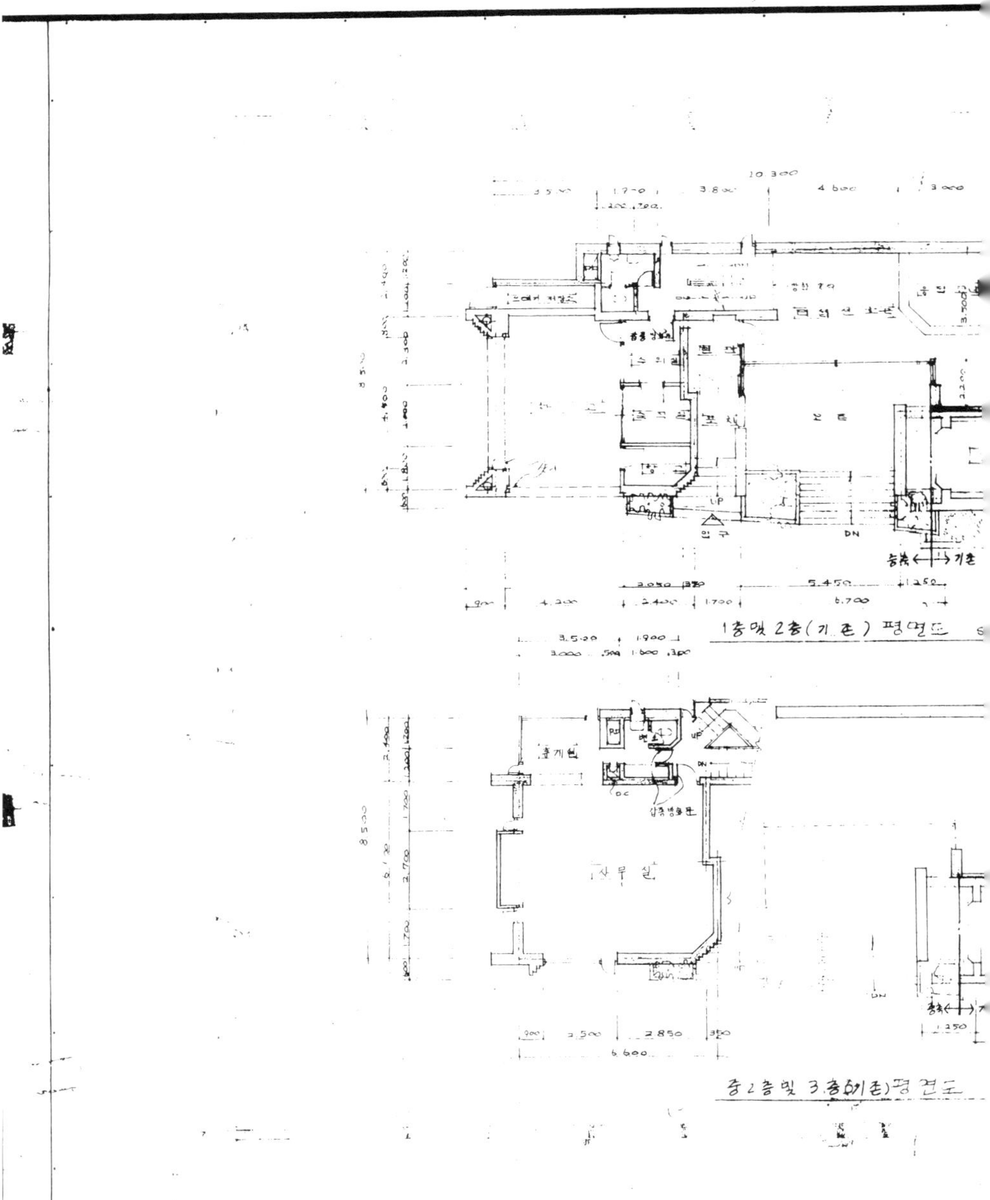
1층및 2층(기존) 평면도
중2층및 3층(기존)평면도

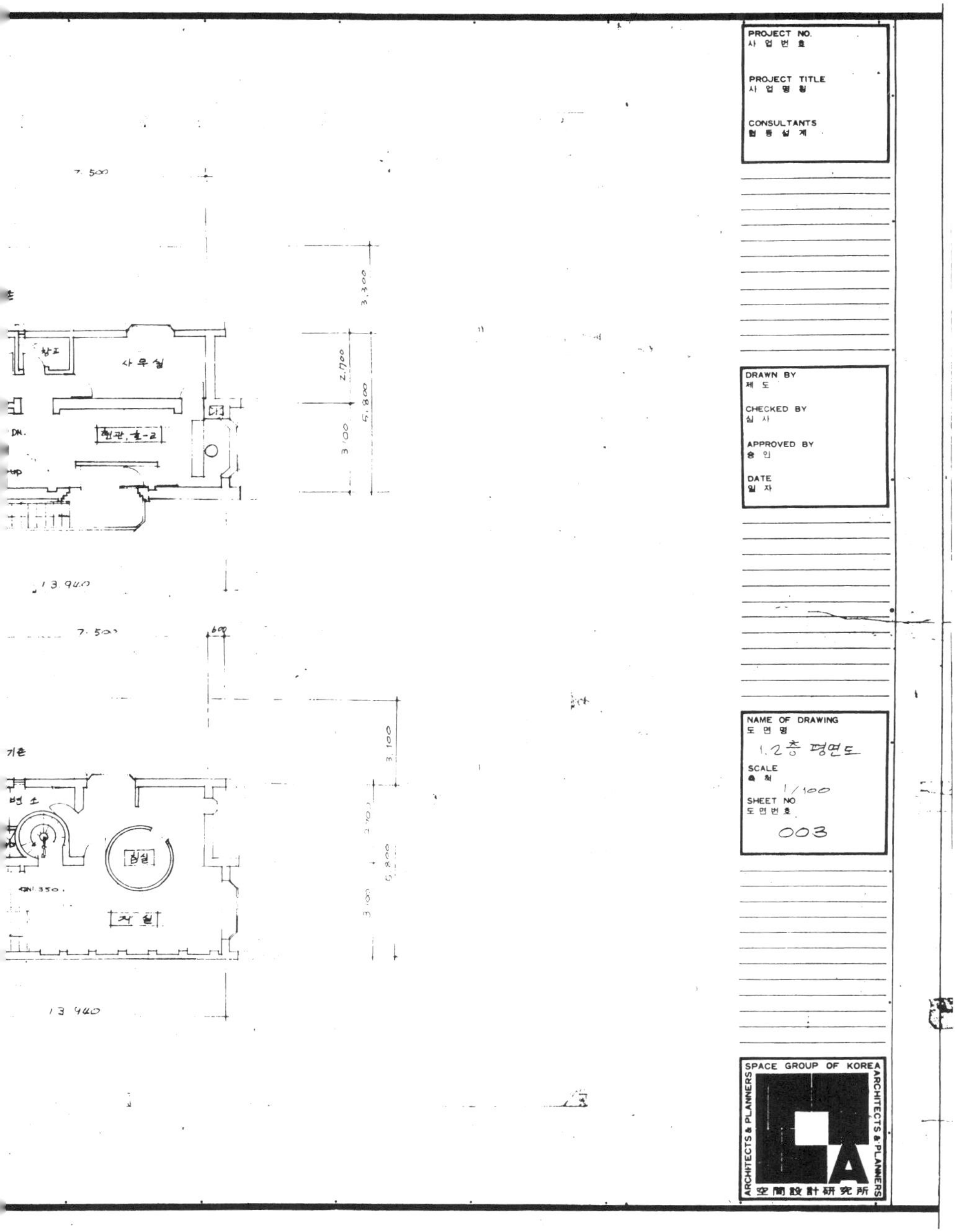
PROJECT NO.
사 업 번 호
PROJECT TITLE
사 업 명 칭
CONSULTANTS
협 동 설 계
DRAWN BY
제 도
CHECKED BY
심 사
APPROVED BY
승 인
DATE
일 자
NAME OF DRAWING
도 면 명
1.2층 평면도
SCALE
축 척
1/100
SHEET NO
도 면 번 호
003
SPACE GROUP OF KOREA
ARCHITECTS & PLANNERS
空間設計硏究所
7.500
3.300
2.700
5.800
3.100
13.940
600
창고
사무실
현관.홀-2
DN.
침실
거실

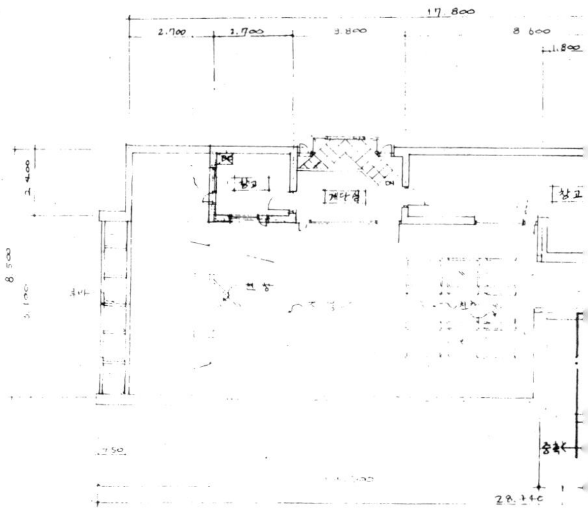

4(옥탑)층 평

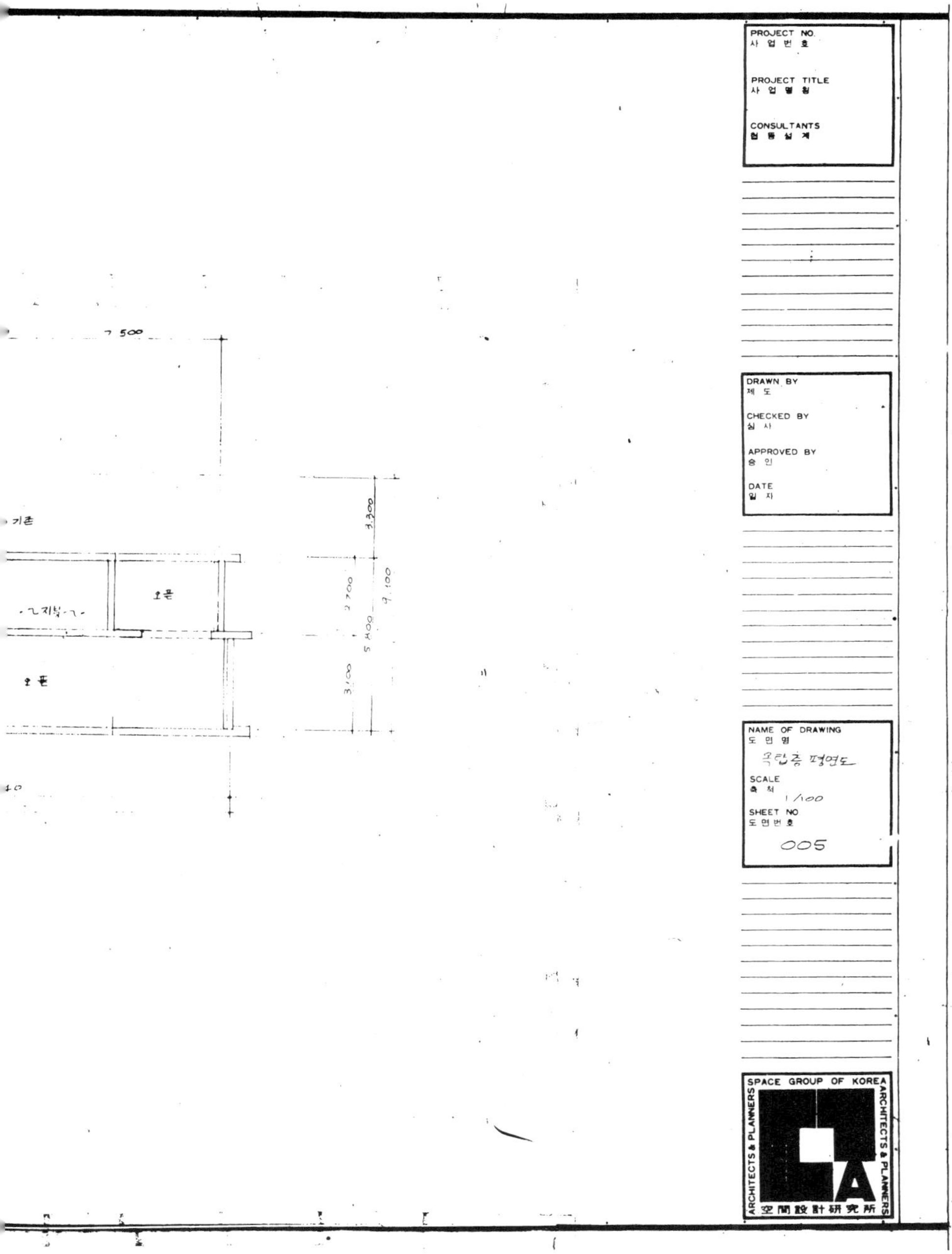
PROJECT NO.
사 업 번 호
PROJECT TITLE
사 업 명 칭
CONSULTANTS
협 동 설 계
DRAWN BY
제 도
CHECKED BY
심 사
APPROVED BY
승 인
DATE
일 자
NAME OF DRAWING
도 면 명
옥탑층 평면도
SCALE
축 척
1/100
SHEET NO
도 면 번 호
005
SPACE GROUP OF KOREA
ARCHITECTS & PLANNERS
空間設計研究所
7 500
기존
오픈
3,300
2,700
9,100
5,400
3,100

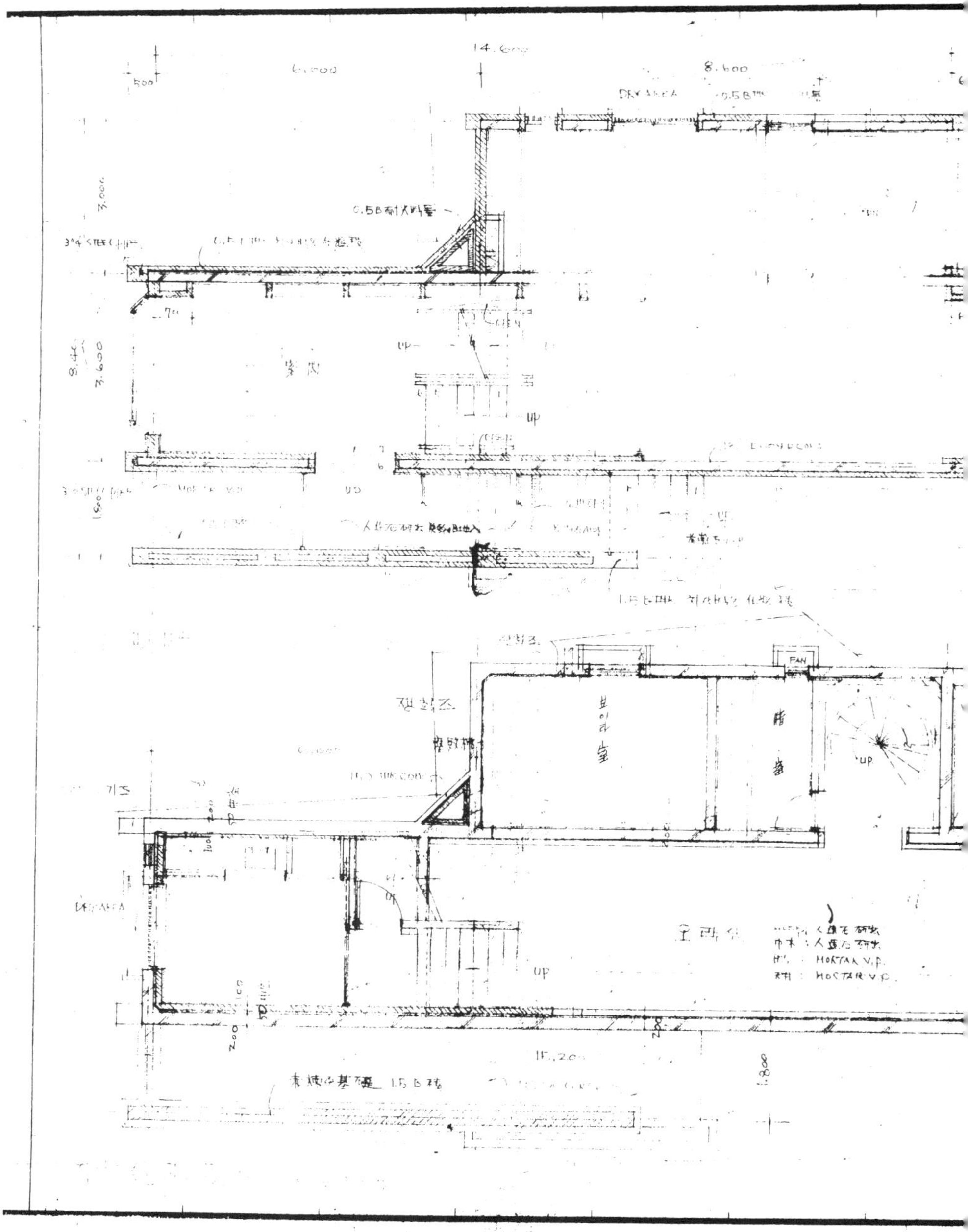
14.600
8.600
DRY AREA
0.5B耐火断熱
3/4 STEEL CHIP
FAN
UP
MORTAR V.P.
15.200
1.5B積

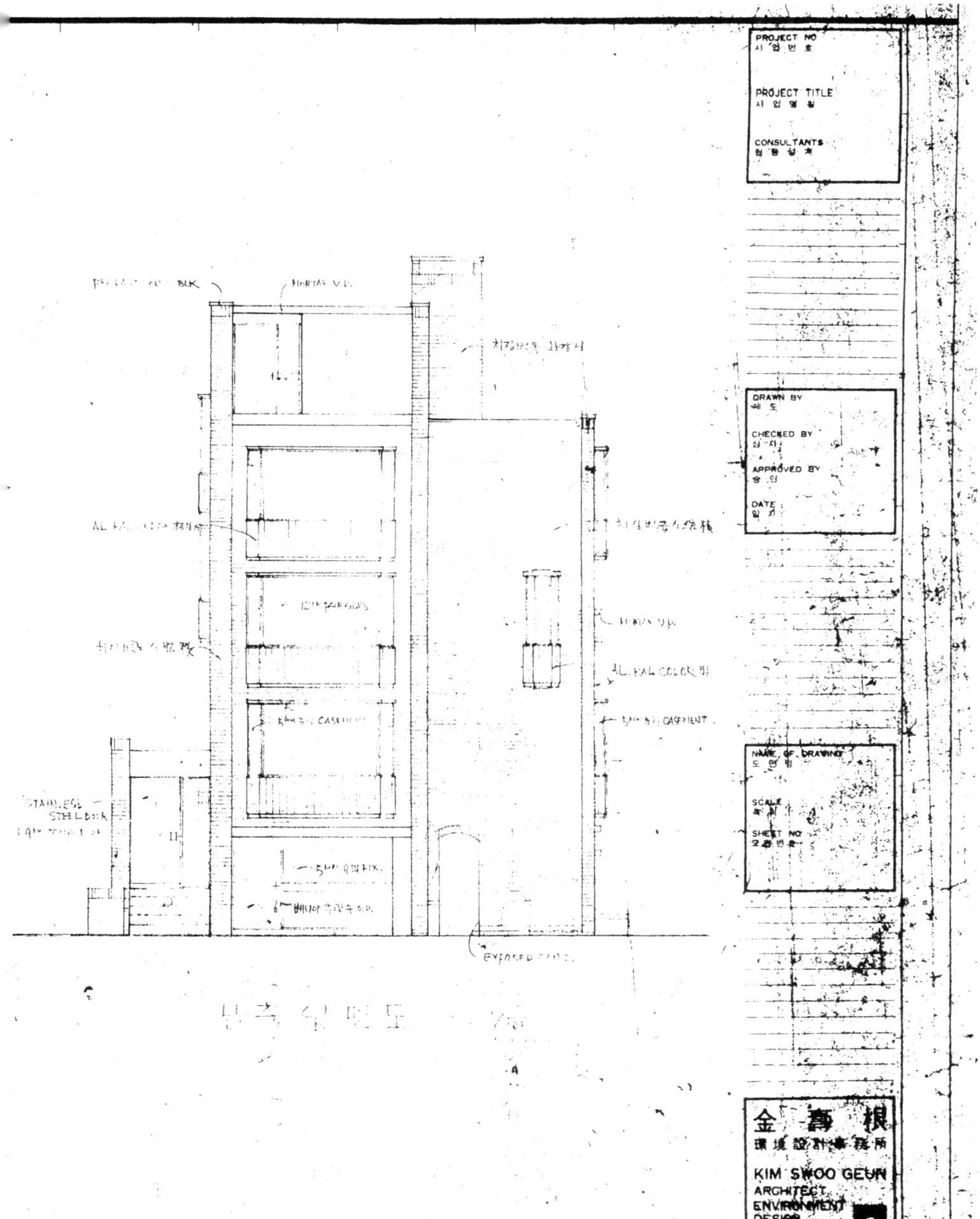
PROJECT NO
사업번호
PROJECT TITLE
사업명칭
CONSULTANTS
협동설계
DRAWN BY
제도
CHECKED BY
심사
APPROVED BY
승인
DATE
일자
NAME OF DRAWING
도면명
SCALE
축척
SHEET NO
도면번호
金壽根
環境設計事務所
KIM SWOO GEUN
ARCHITECT
ENVIRONMENT
DESIGN
OFFICE
STAINLESS STEEL BOX
AL. FAL COLOR

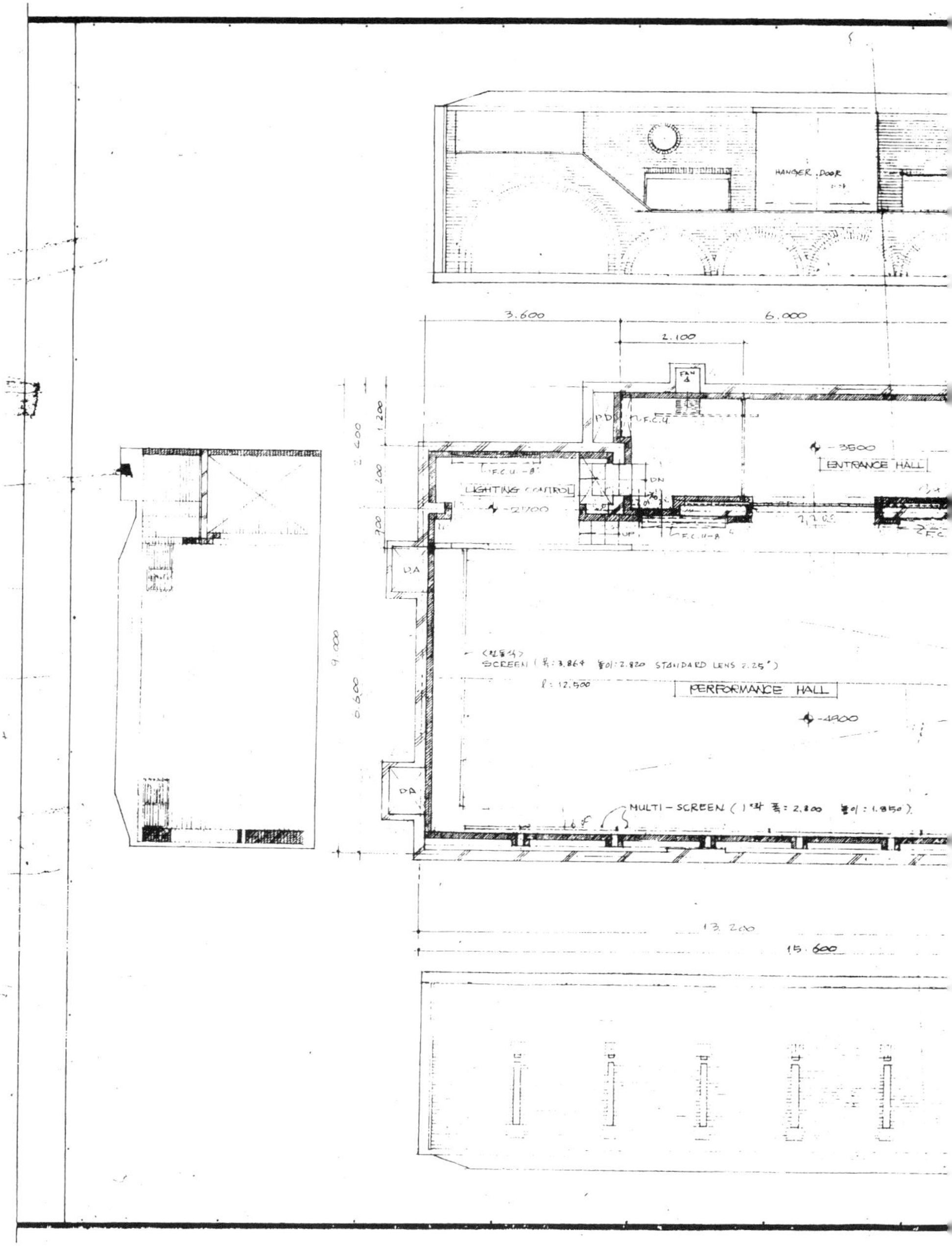
HANGER DOOR
3.600
6.000
2.100
LIGHTING CONTROL
ENTRANCE HALL
PERFORMANCE HALL
D.A
13.200
15.600

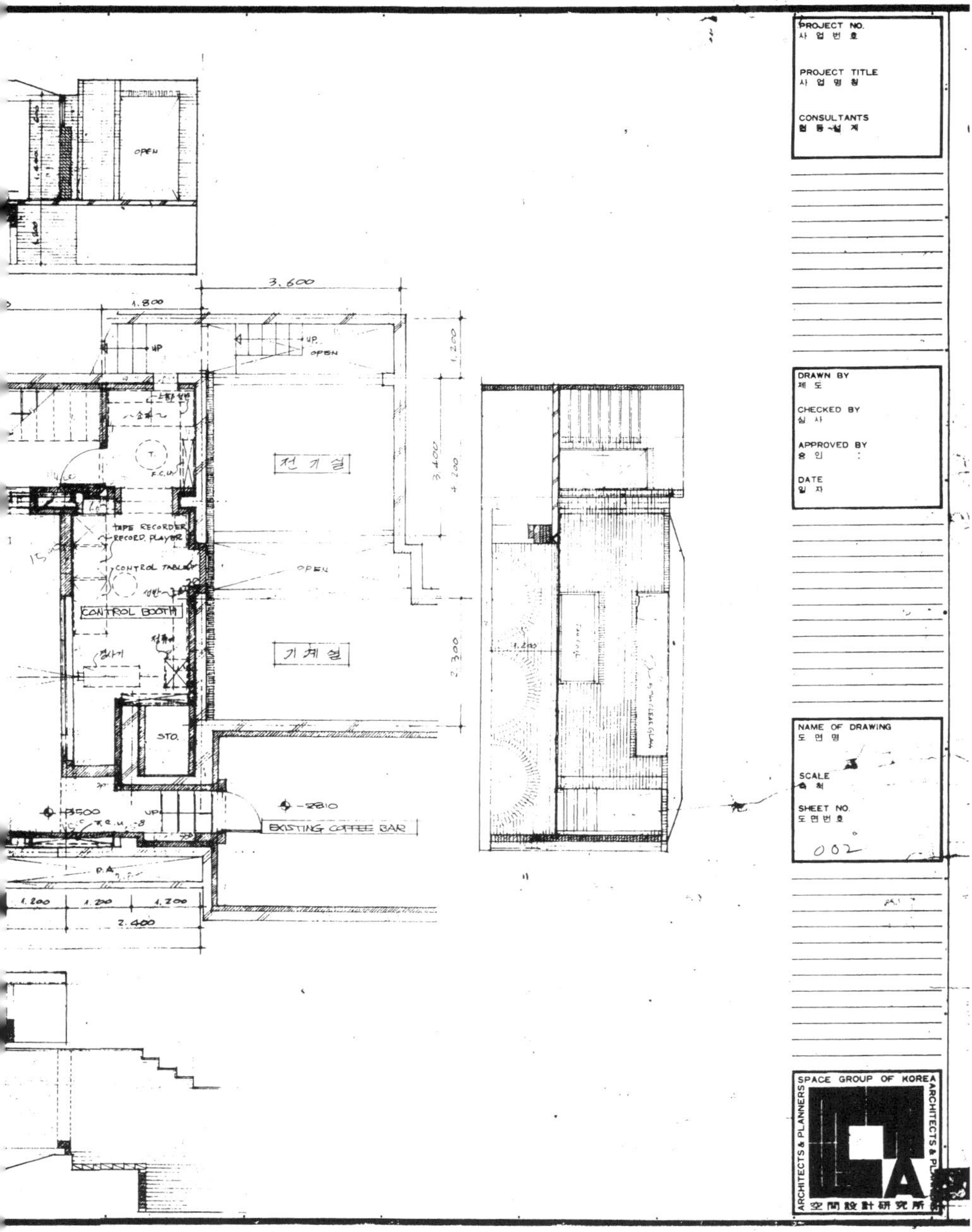
OPEN
3.600
1.800
UP
UP. OPEN
1.200
전기실
3.400
4.200
TAPE RECORDER
RECORD PLAYER
CONTROL TABLE
OPEN
CONTROL BOOTH
기계실
2.300
STO.
EXISTING COFFEE BAR
1.200
1.200
1.200
2.400
PROJECT NO.
사 업 번 호
PROJECT TITLE
사 업 명 칭
CONSULTANTS
협 동 설 계
DRAWN BY
제 도
CHECKED BY
심 사
APPROVED BY
승 인
DATE
일 자
NAME OF DRAWING
도 면 명
SCALE
축 척
SHEET NO.
도 면 번 호
002
SPACE GROUP OF KOREA
ARCHITECTS & PLANNERS
空間設計研究所

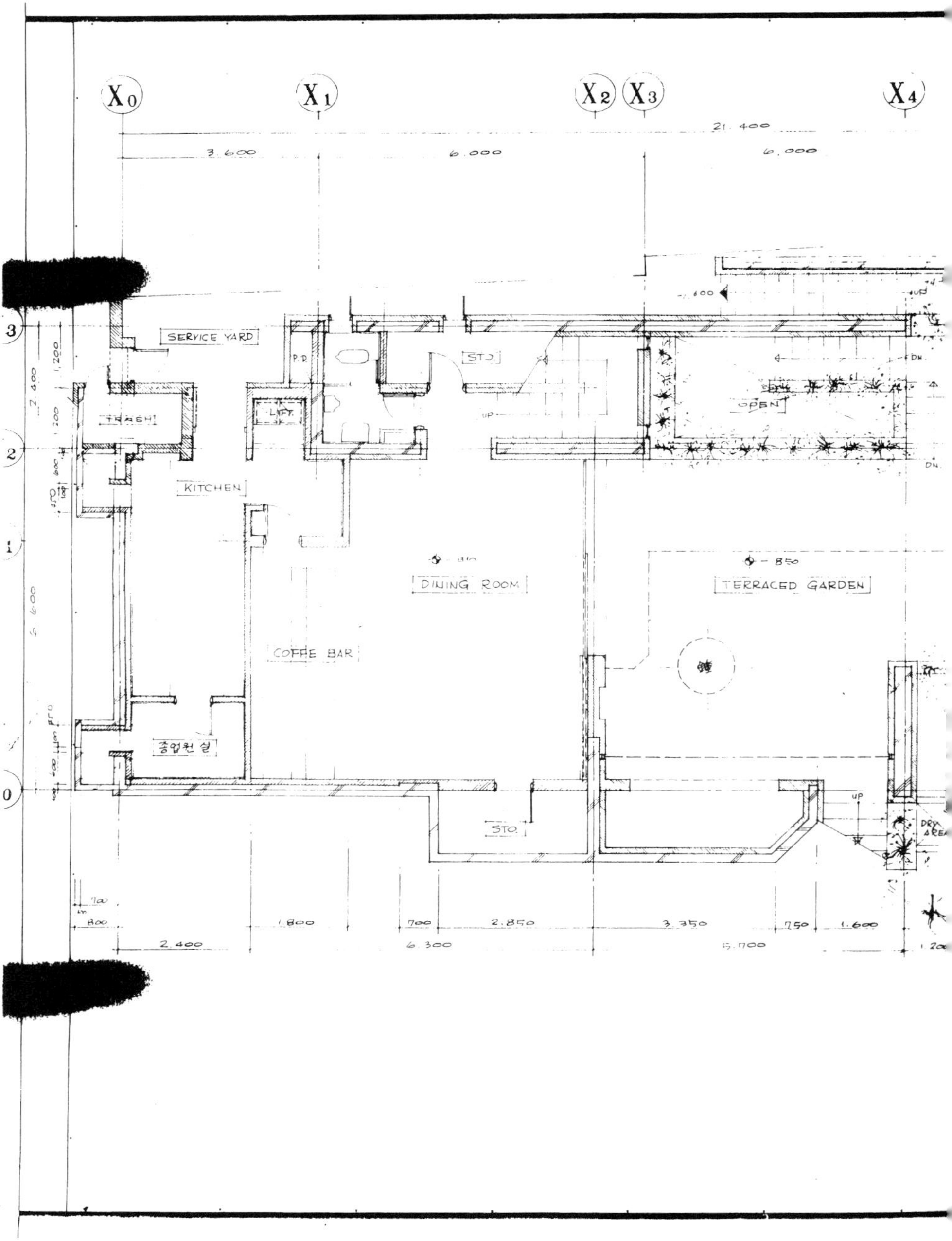
SERVICE YARD
TRASH
LIFT
STO.
OPEN
KITCHEN
DINING ROOM
TERRACED GARDEN
COFFE BAR
종업원실
STO.

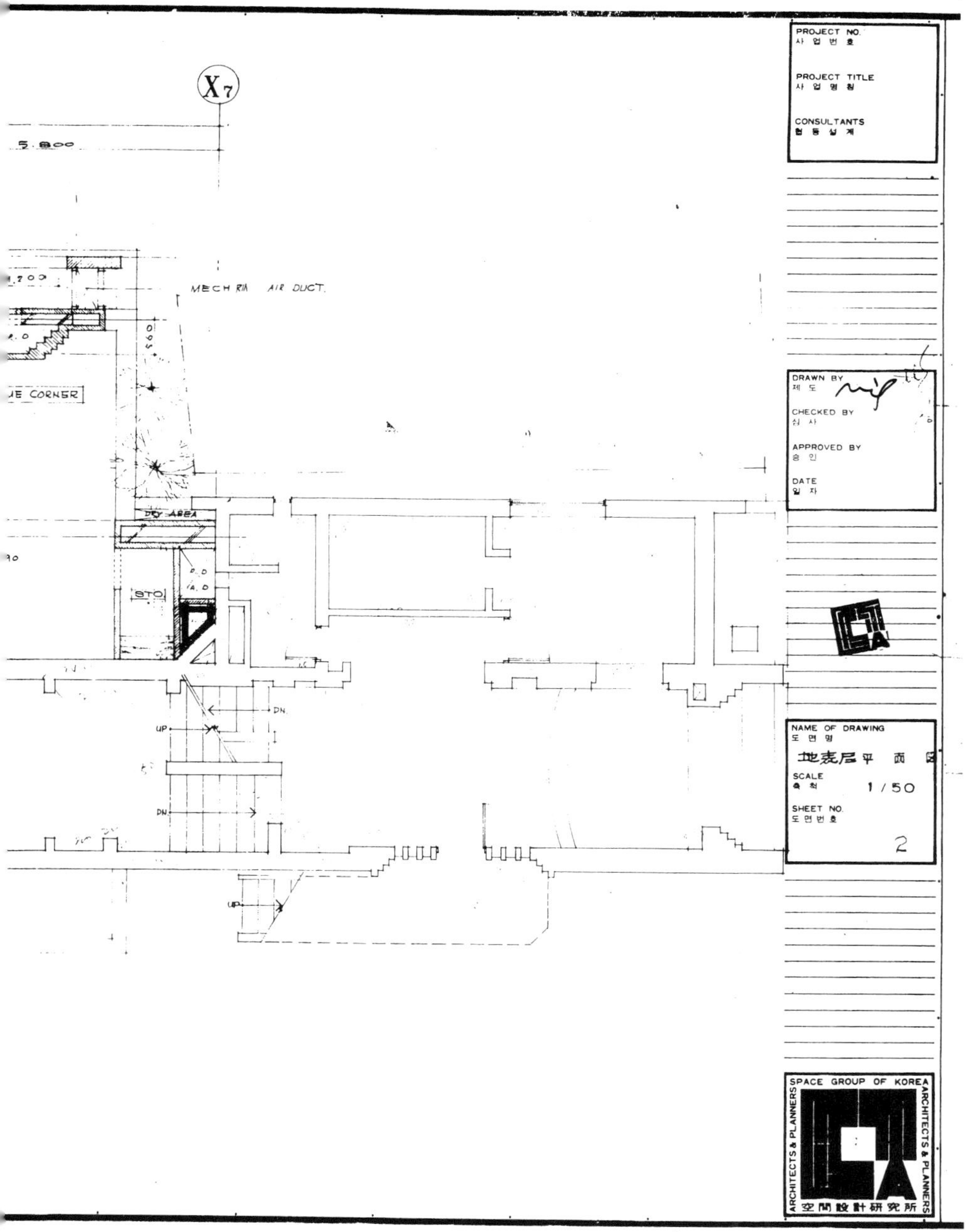
PROJECT NO.
사 업 번 호
PROJECT TITLE
사 업 명 칭
CONSULTANTS
협 동 설 계
DRAWN BY
제 도
CHECKED BY
심 사
APPROVED BY
승 인
DATE
일 자
NAME OF DRAWING
도 면 명
地表层平面図
SCALE
축 척
1/50
SHEET NO.
도 면 번 호
2
SPACE GROUP OF KOREA
ARCHITECTS & PLANNERS
空間設計研究所
MECH RM AIR DUCT.
DRY AREA
STO
UP
DN

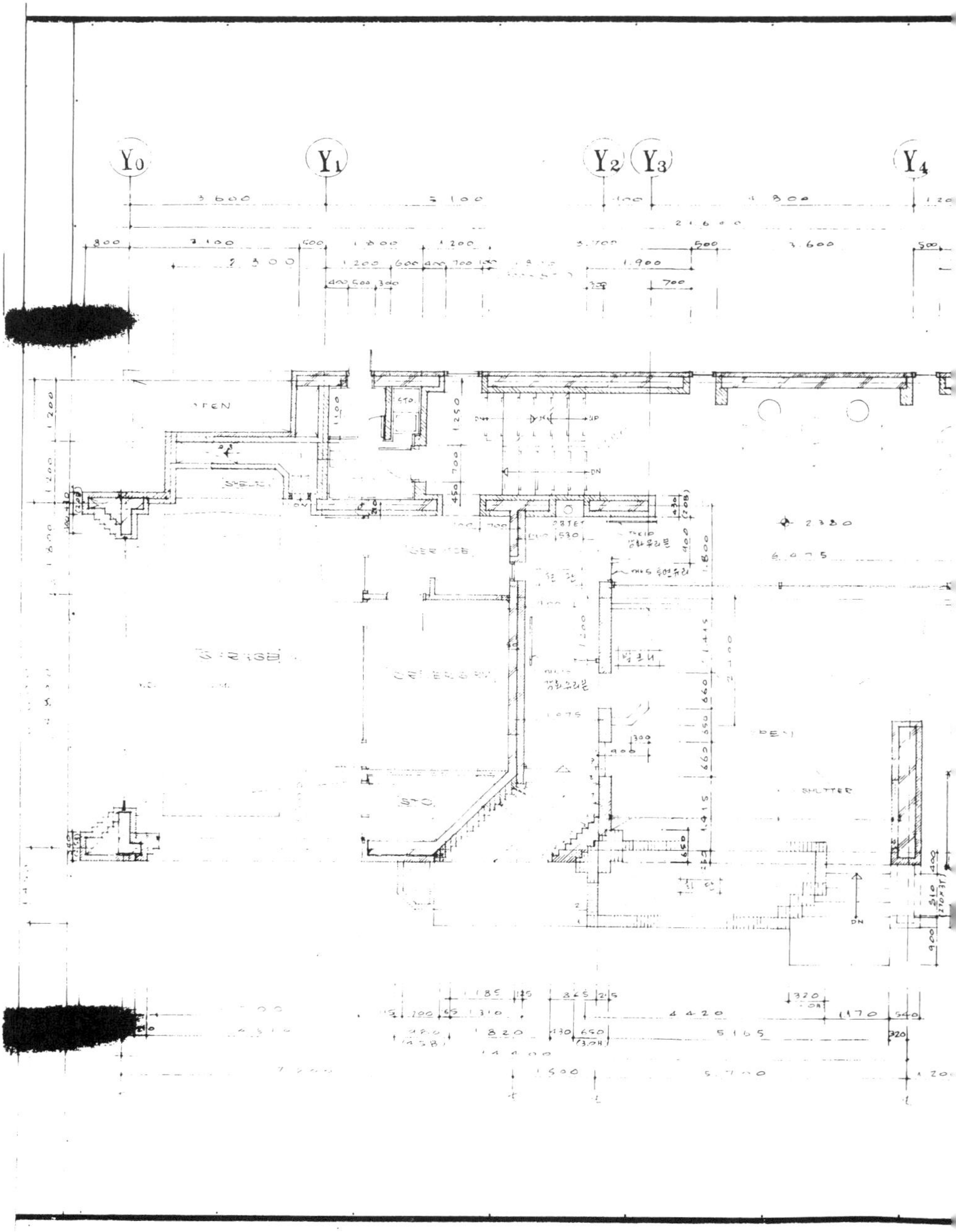
Y0
Y1
Y2
Y3
Y4

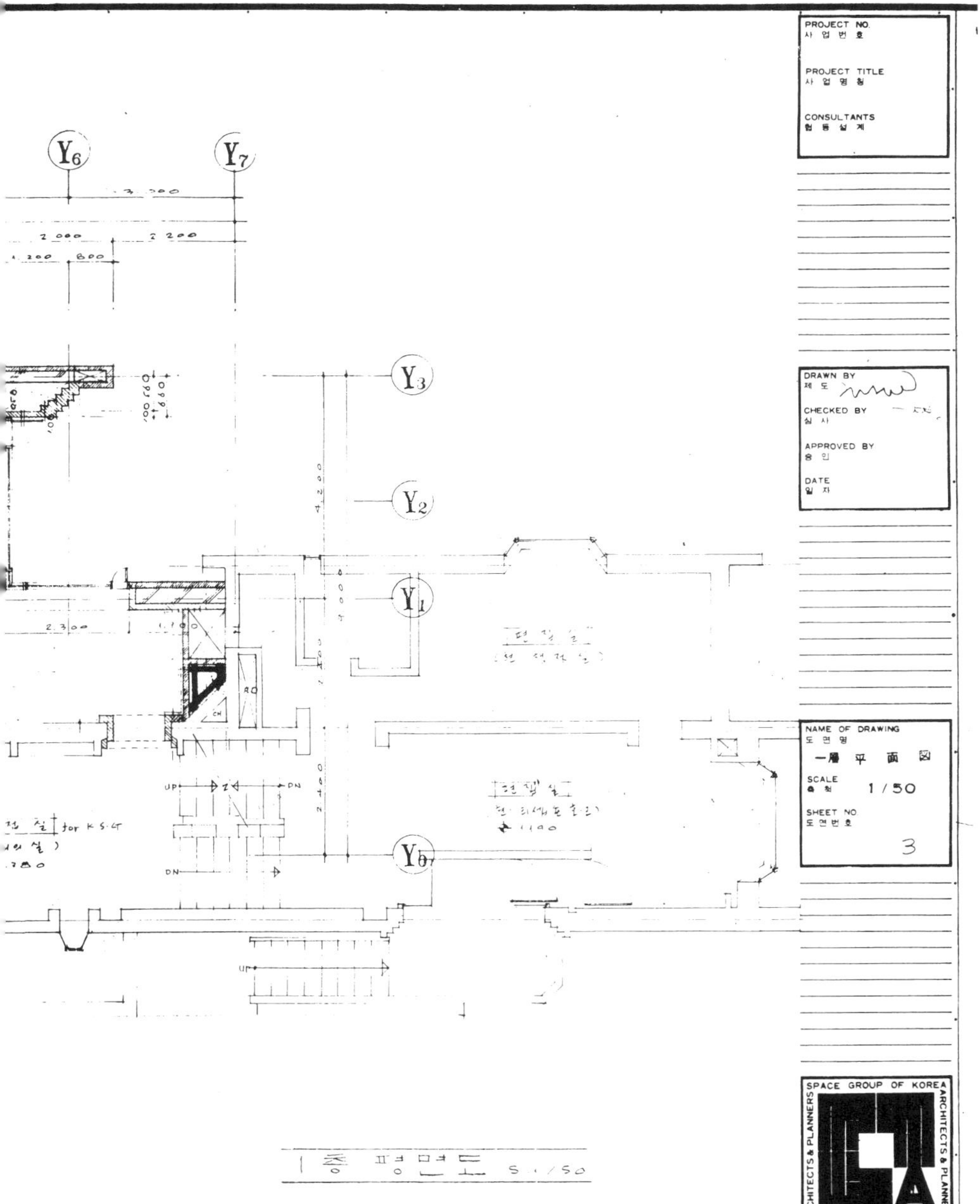
PROJECT NO.
사 업 번 호
PROJECT TITLE
사 업 명 칭
CONSULTANTS
협 동 설 계
DRAWN BY
제 도
CHECKED BY
심 사
APPROVED BY
승 인
DATE
일 자
NAME OF DRAWING
도 면 명
一層平面図
SCALE
축 척
1/50
SHEET NO.
도면번호
3
SPACE GROUP OF KOREA
ARCHITECTS & PLANNERS
ARCHITECTS & PLANNERS
空間設計硏究所
Y6
Y7
Y3
Y2
Y1
Y0
UP
DN
1층 평면도 S: 1/50

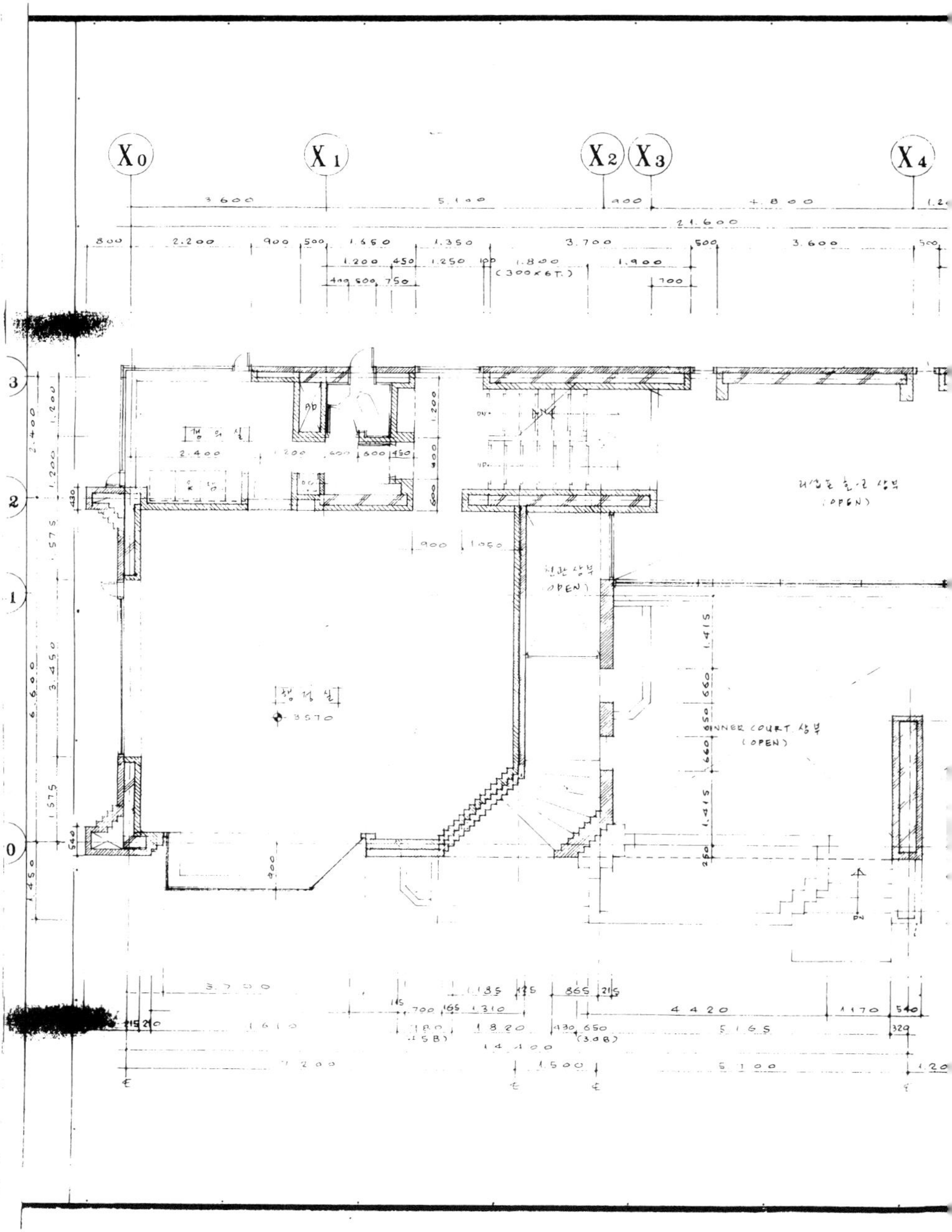

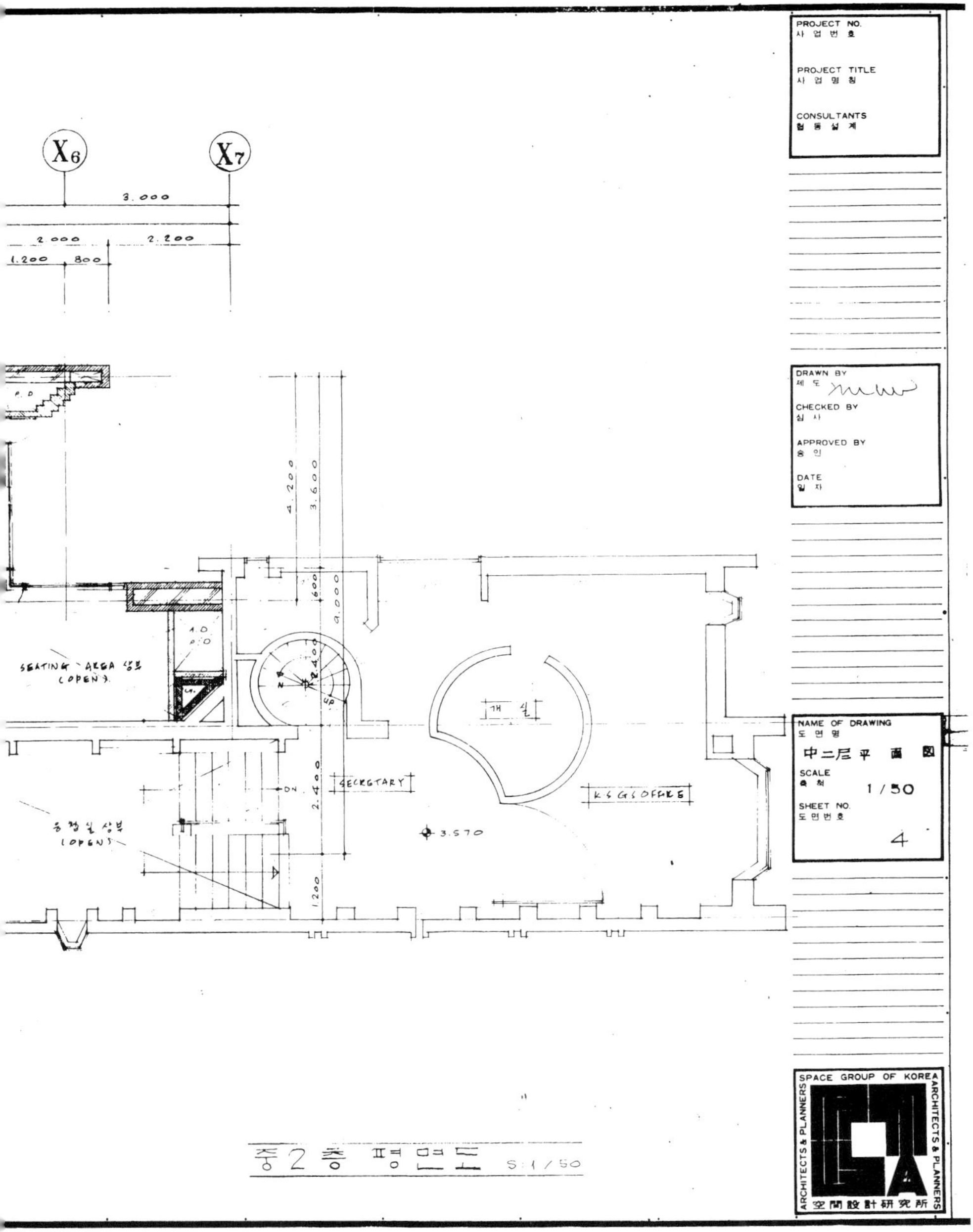
PROJECT NO.
사 업 번 호
PROJECT TITLE
사 업 명 칭
CONSULTANTS
협 동 설 계
DRAWN BY
제 도
CHECKED BY
심 사
APPROVED BY
승 인
DATE
일 자
NAME OF DRAWING
도 면 명
中二层平面図
SCALE
축 척
1 / 50
SHEET NO.
도 면 번 호
4
SPACE GROUP OF KOREA
ARCHITECTS & PLANNERS
空間設計研究所
X6
X7
3.000
2.000
2.200
1.200
800
4.200
3.600
600
9.000
2.400
1.200
SEATING AREA 상부 (OPEN)
응접실 상부 (OPEN)
SECRETARY
KSG'S OFFICE
개실
UP
DN
3.570
중2층 평면도 S: 1/50

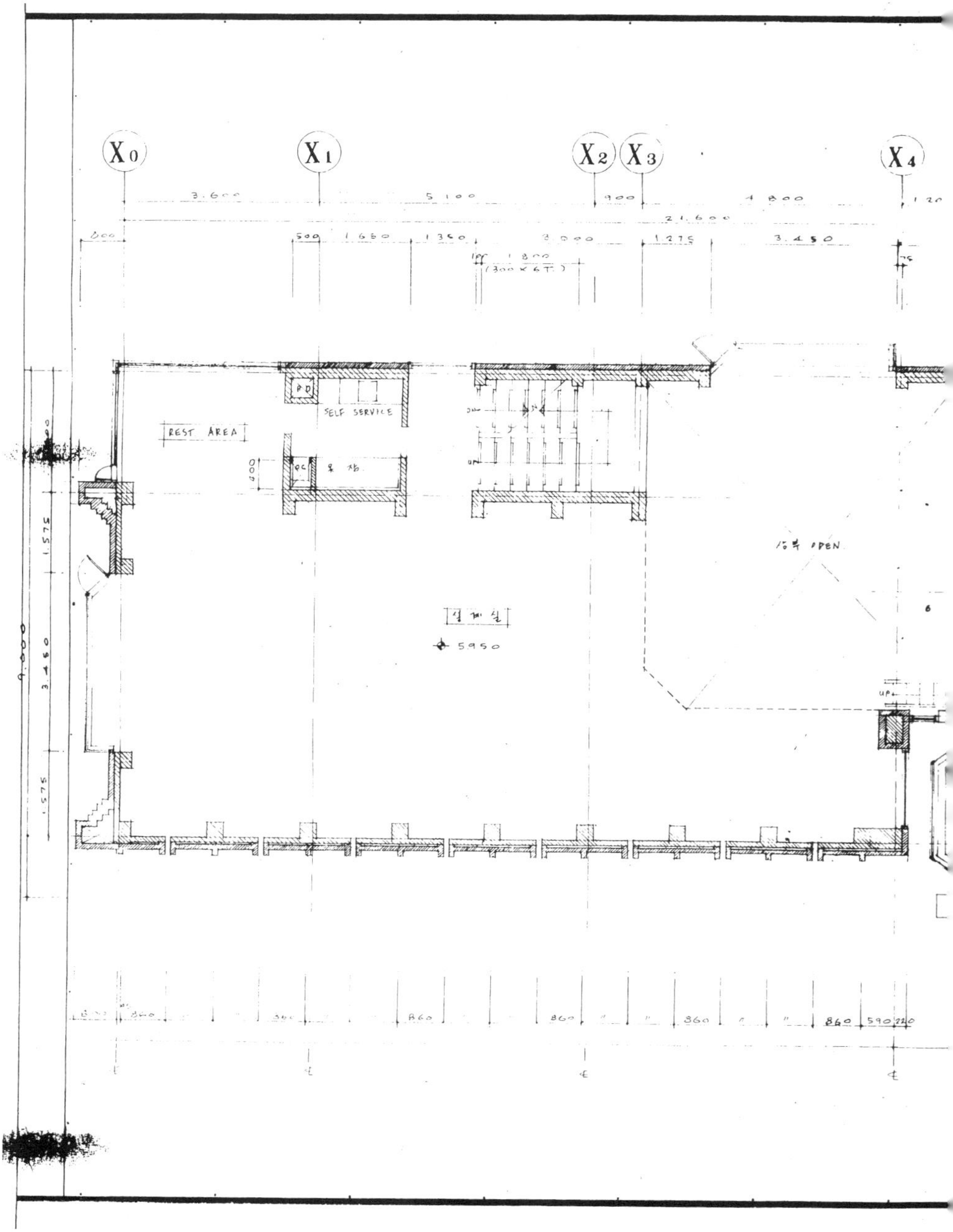
X0
X1
X2
X3
X4
21.600
REST AREA
SELF SERVICE
OPEN
5950

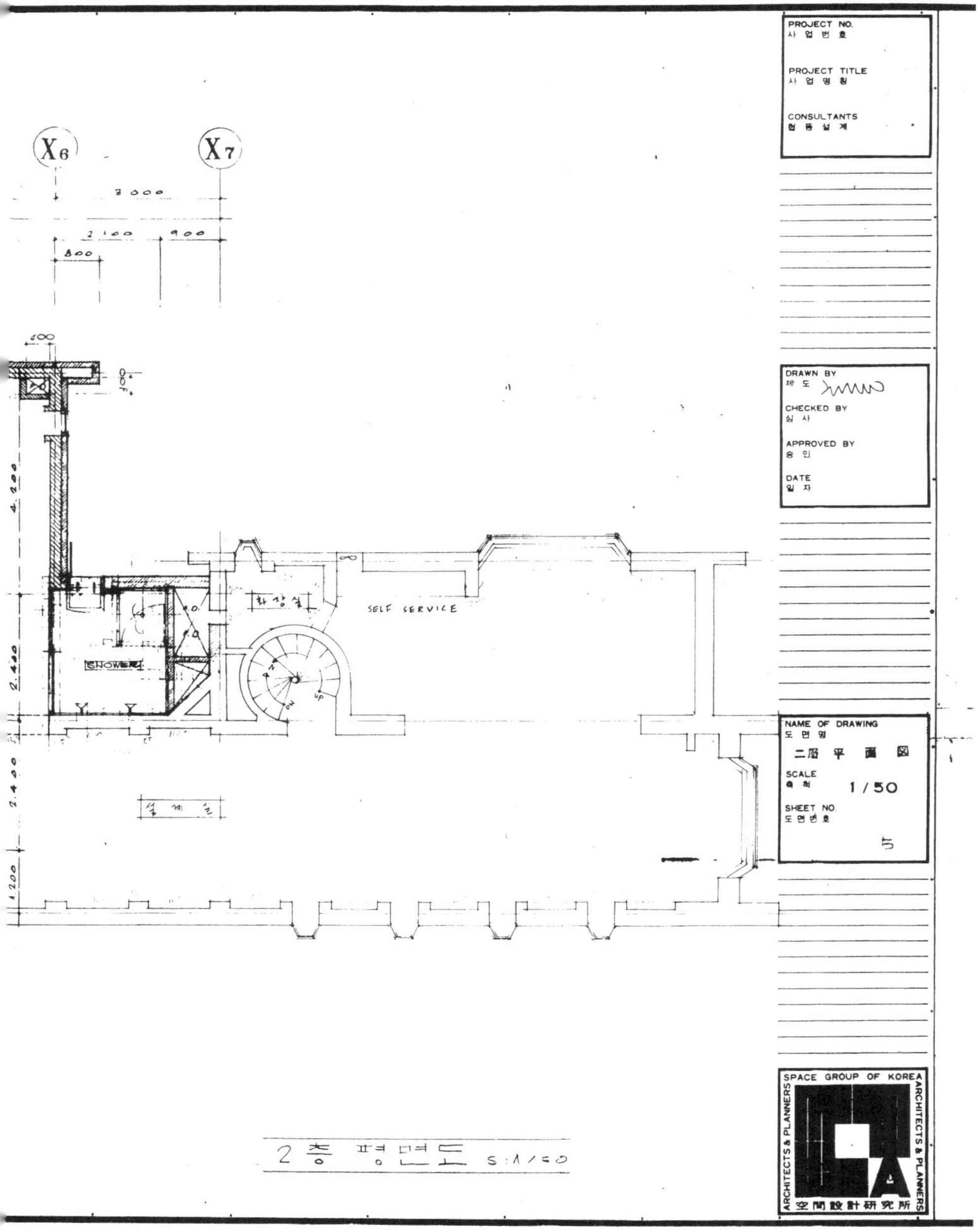

X6
X7
3000
2100
900
800
400
4.200
2.400
2.400
1.200
화장실
SELF SERVICE
SHOWER
DN
UP
설계실
2층 평면도 S:1/50
PROJECT NO.
사업번호
PROJECT TITLE
사업명칭
CONSULTANTS
협동설계
DRAWN BY
제도
CHECKED BY
심사
APPROVED BY
승인
DATE
일자
NAME OF DRAWING
도면명
二階平面図
SCALE
축척
1/50
SHEET NO.
도면번호
SPACE GROUP OF KOREA
ARCHITECTS & PLANNERS
空間設計研究所

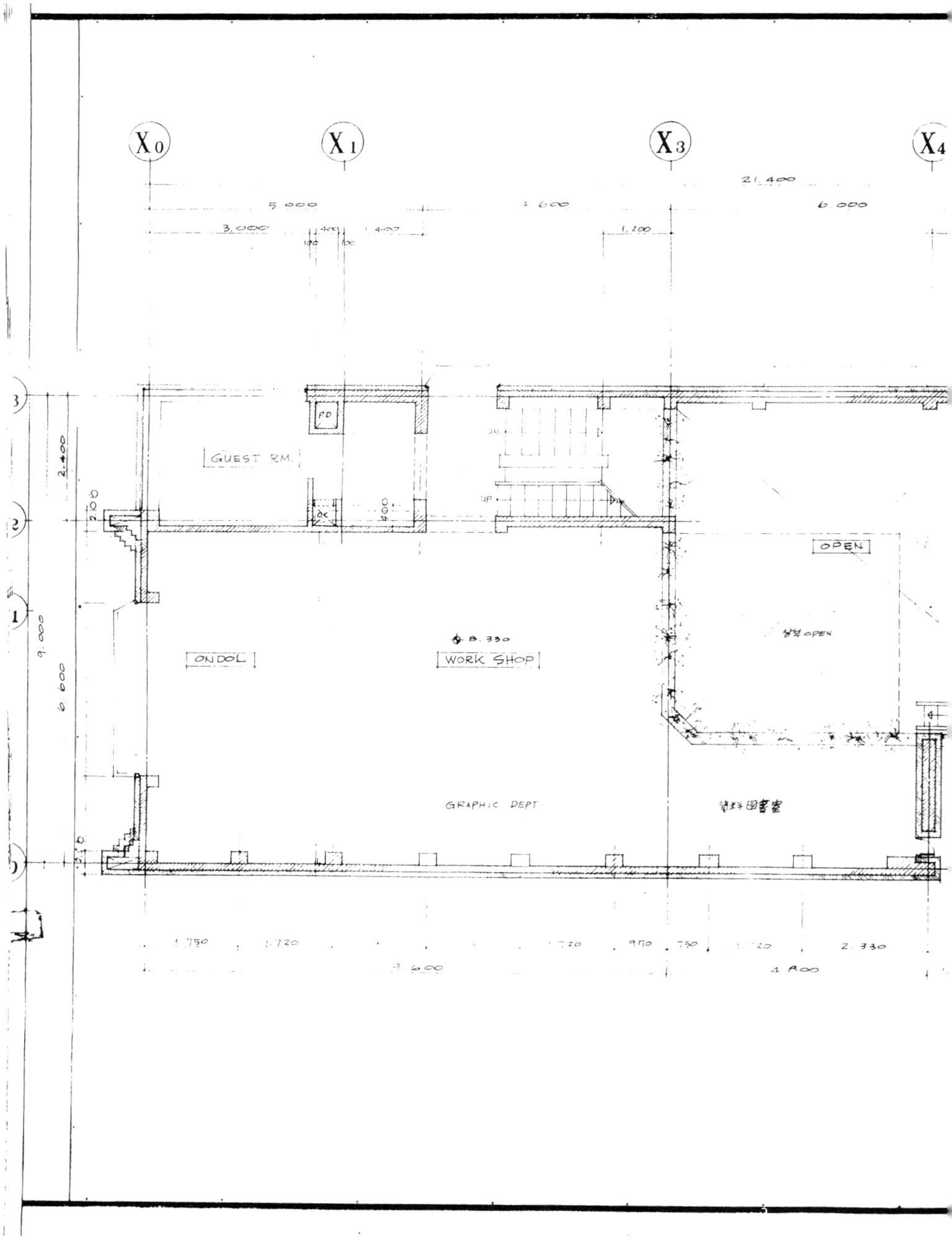
X0
X1
X3
X4
21.400
5.000
6.000
3.000
1.200
GUEST RM.
PD
UP
OPEN
ONDOL
WORK SHOP
GRAPHIC DEPT
상부 OPEN
9.000
6.600
2.400
2.330

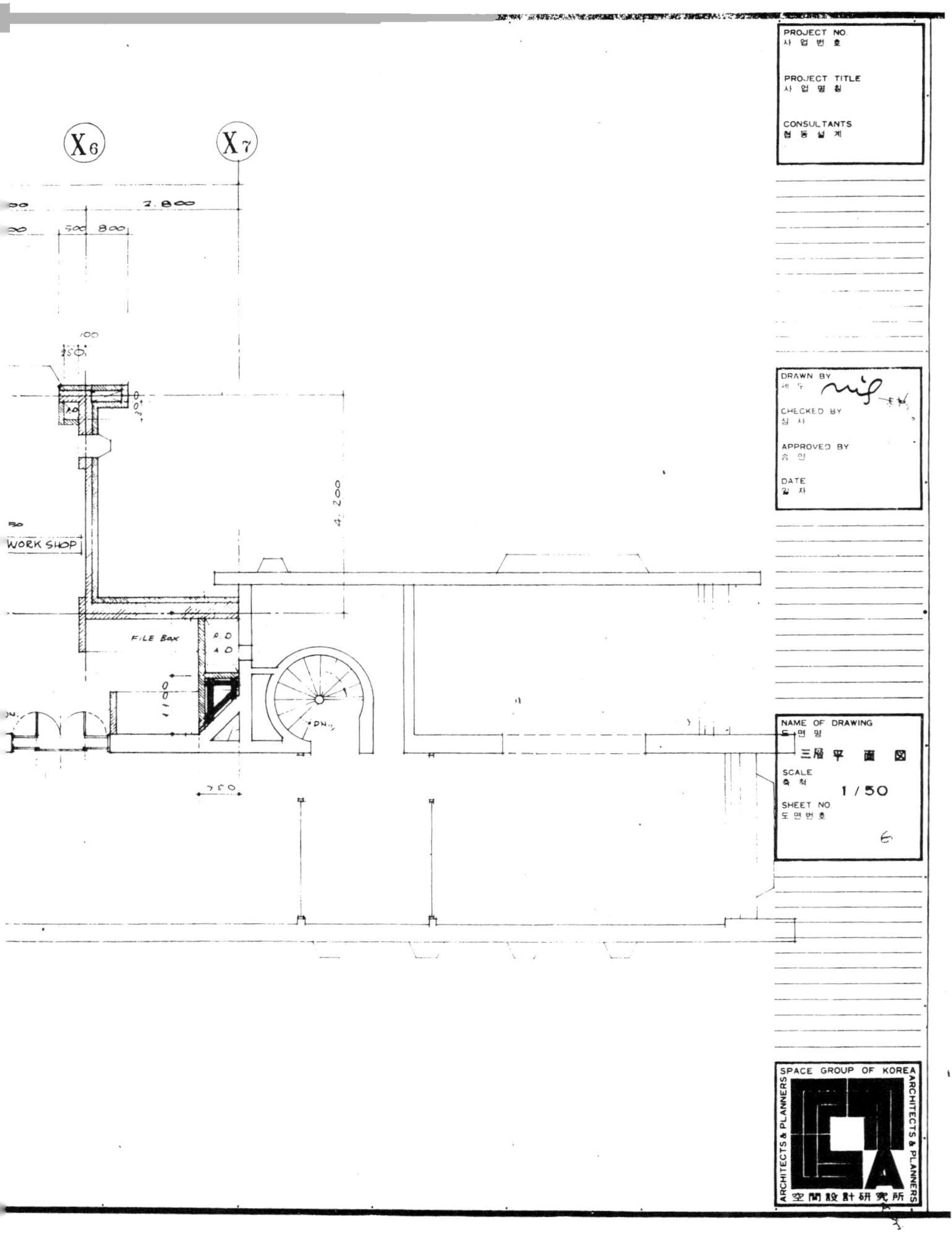
X6
X7
2.800
500
800
4.200
WORK SHOP
FILE Box
750
DN
PROJECT NO.
사업번호
PROJECT TITLE
사업명칭
CONSULTANTS
협동설계
DRAWN BY
CHECKED BY
APPROVED BY
승인
DATE
일자
NAME OF DRAWING
도면명
三層平面図
SCALE
축척
1/50
SHEET NO.
도면번호
6
SPACE GROUP OF KOREA
ARCHITECTS & PLANNERS
空間設計硏究所

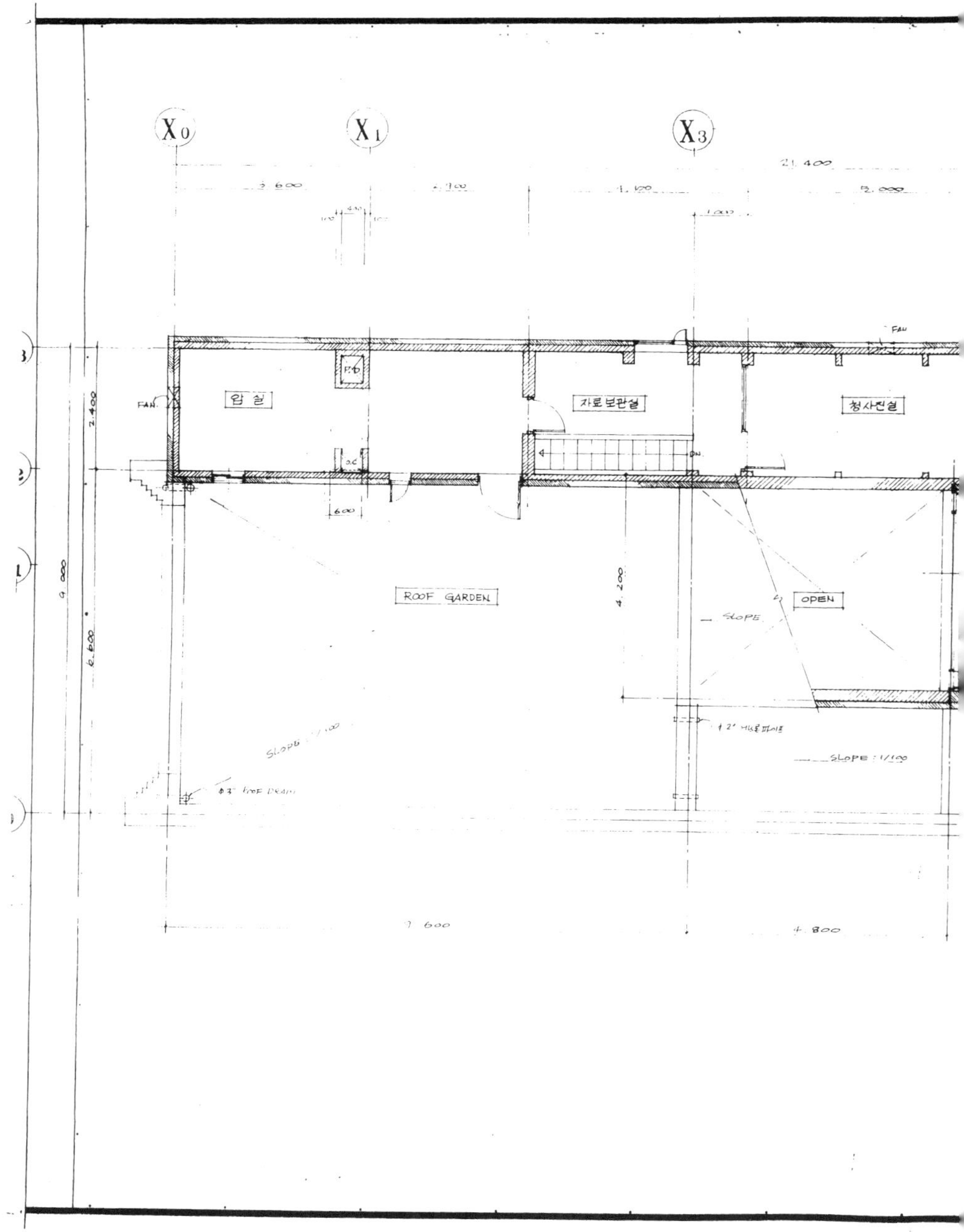
X0
X1
X3
21.400
3.600
2.900
4.100
5.000
1.000
FAN
FAN.
2.400
9.000
6.600
암실
자료보관실
청사진실
ROOF GARDEN
OPEN
SLOPE
4.200
600
SLOPE : 1/100
9.600
4.800

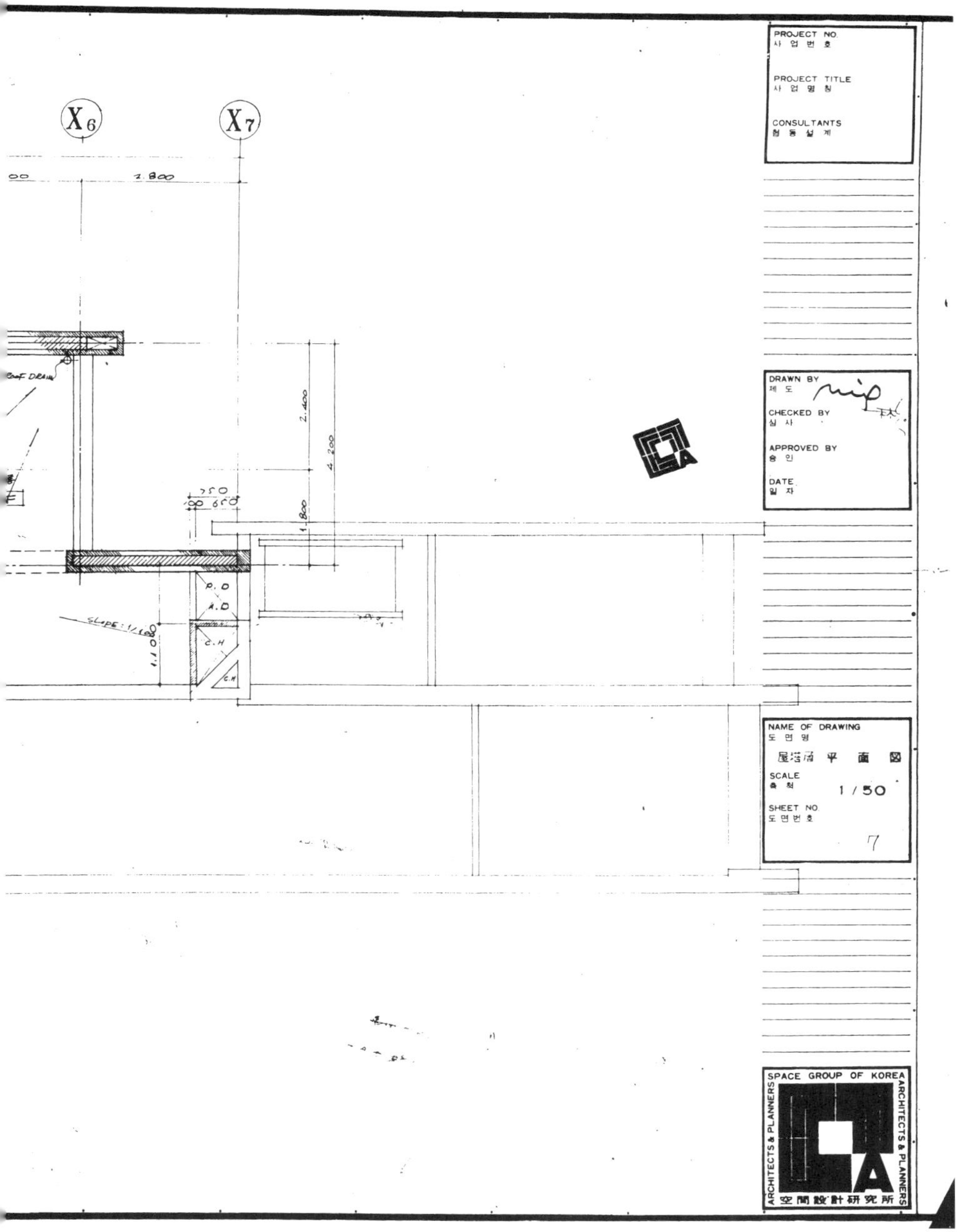

X6
X7
1.800
2.400
4.200
750
650
P.D
R.D
C.H
SLOPE:1/100
PROJECT NO.
사업번호
PROJECT TITLE
사업명칭
CONSULTANTS
협동설계
DRAWN BY
제도
CHECKED BY
심사
APPROVED BY
승인
DATE
일자
NAME OF DRAWING
도면명
屋塔層 平面図
SCALE
축척
1/50
SHEET NO.
도면번호
7
SPACE GROUP OF KOREA
ARCHITECTS & PLANNERS
空間設計硏究所

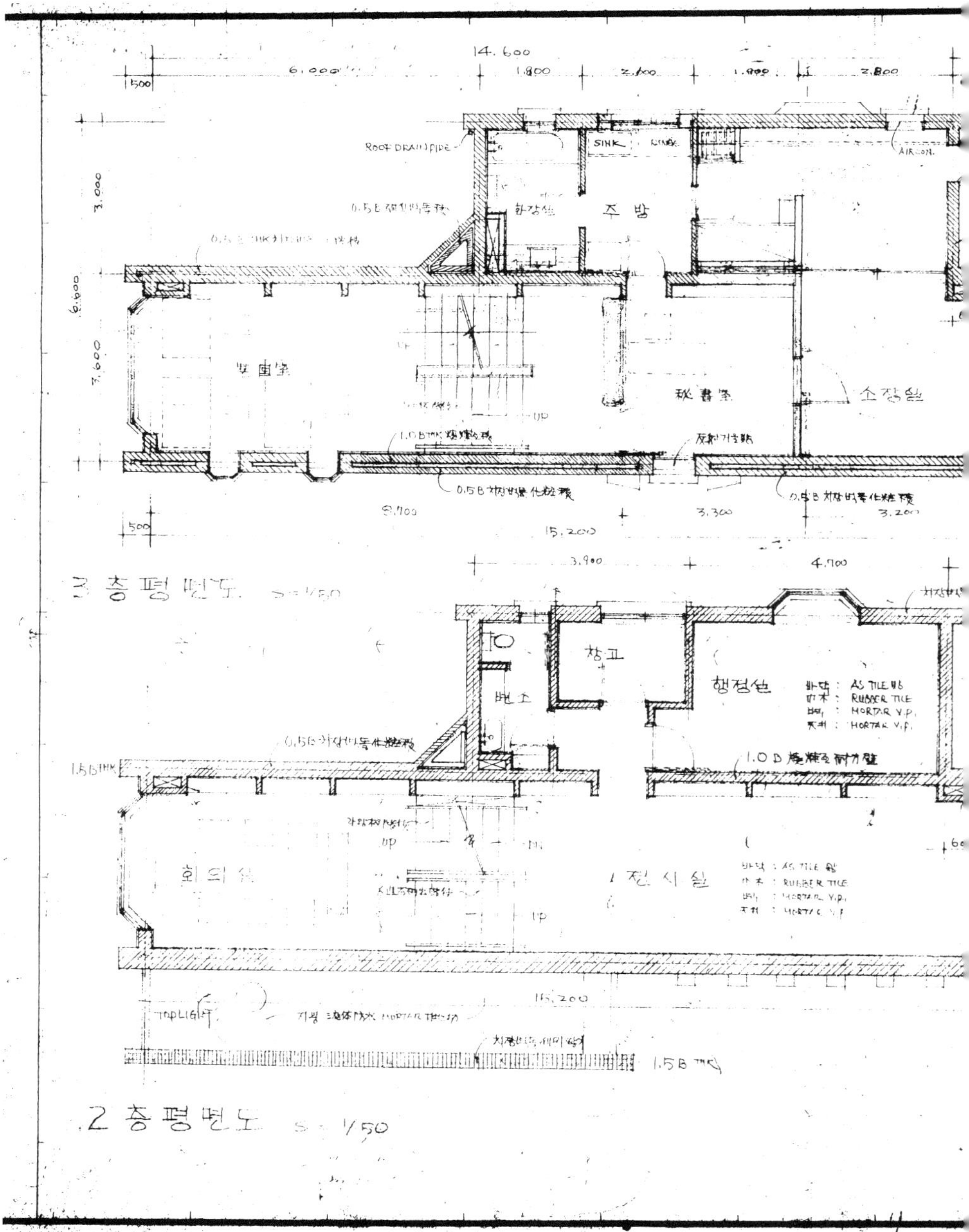
3 층평면도 S=1/50
2 층평면도 S=1/50
주방
秘書室
소장실
창고
행정실
회의실
전시실
SINK
ROOF DRAIN PIPE
AIR CON.
TOP LIGHT
UP
1.5B THK
14.600
15.200

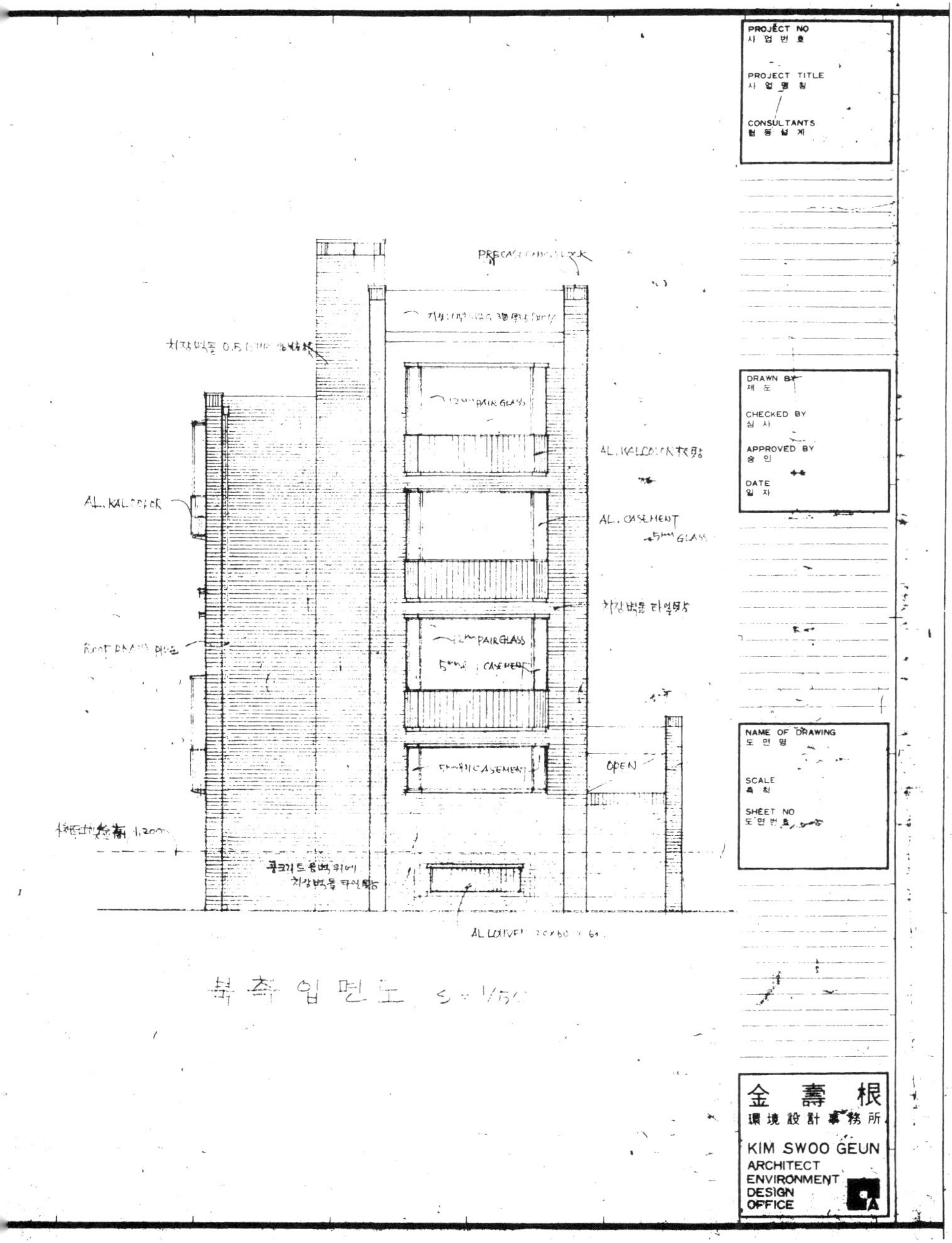
PROJECT NO
사 업 번 호
PROJECT TITLE
사 업 명 칭
CONSULTANTS
협 동 설 계
DRAWN BY
제 도
CHECKED BY
심 사
APPROVED BY
승 인
DATE
일 자
NAME OF DRAWING
도 면 명
SCALE
축 척
SHEET NO
도 면 번 호
金 壽 根
環境設計事務所
KIM SWOO GEUN
ARCHITECT
ENVIRONMENT
DESIGN
OFFICE
12mm PAIR GLASS
AL. CASEMENT
12mm PAIRGLASS
5mm CASEMENT
OPEN
AL. LOUVER
북측 입면도

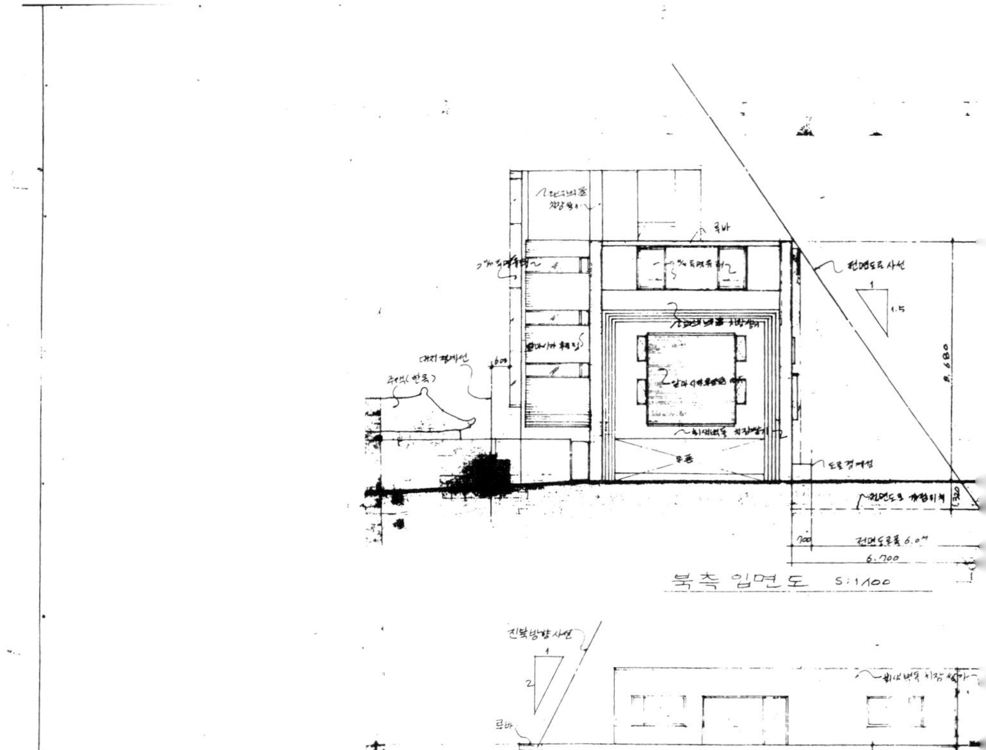

루바
전면도로 사선
도로경계선
전면도로폭 6.0m
6.700
북측 입면도 S:1/100
진북방향 사선
8.680
2.000
1.700
750
4.450
2.250
2.350
서측 입면도 S:1/100

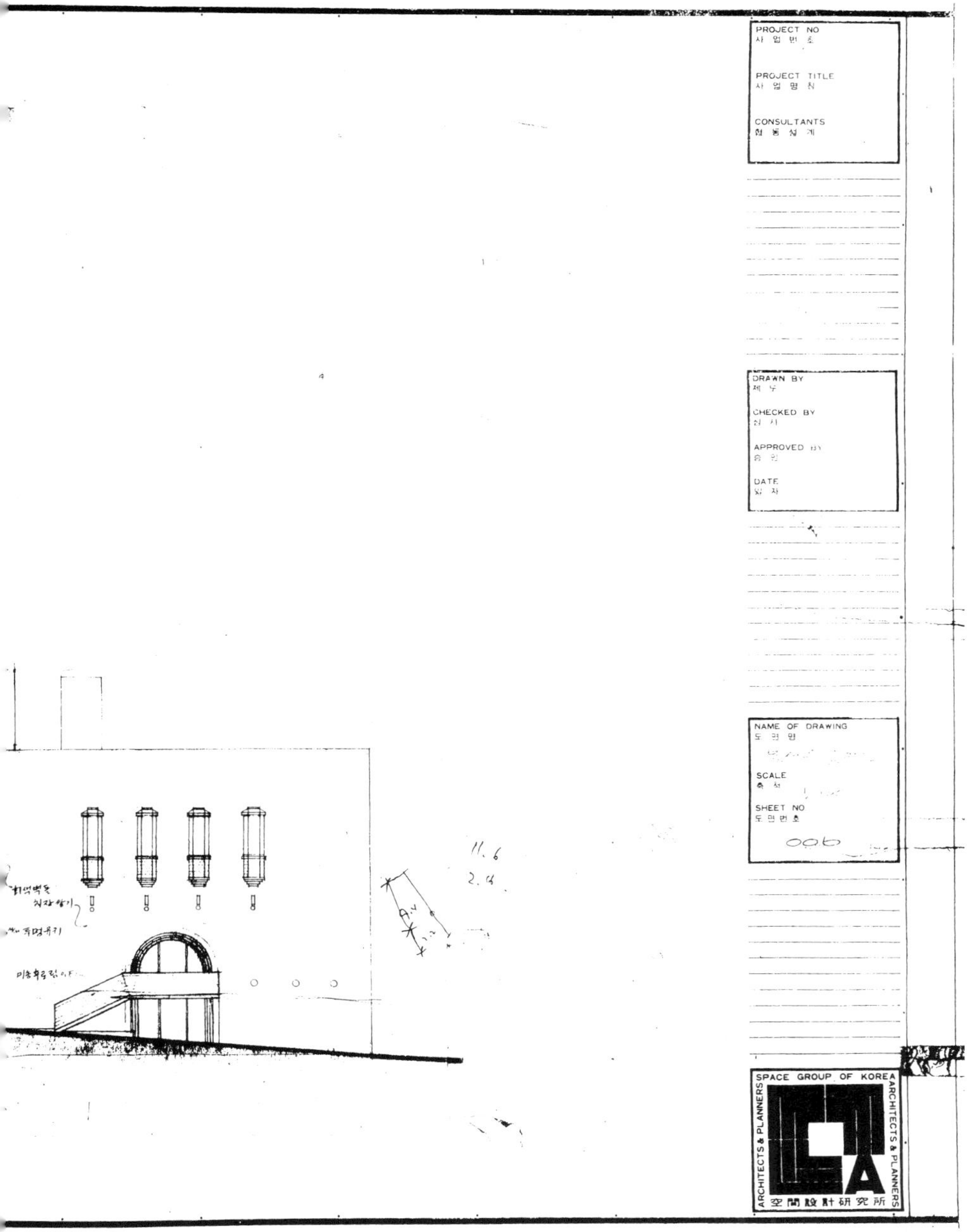
PROJECT NO
사업번호
PROJECT TITLE
사업명칭
CONSULTANTS
협동설계
DRAWN BY
CHECKED BY
APPROVED BY
DATE
NAME OF DRAWING
도면명
SCALE
SHEET NO
도면번호
006
11.6
2.4
SPACE GROUP OF KOREA
ARCHITECTS & PLANNERS
ARCHITECTS & PLANNERS
空間設計研究所

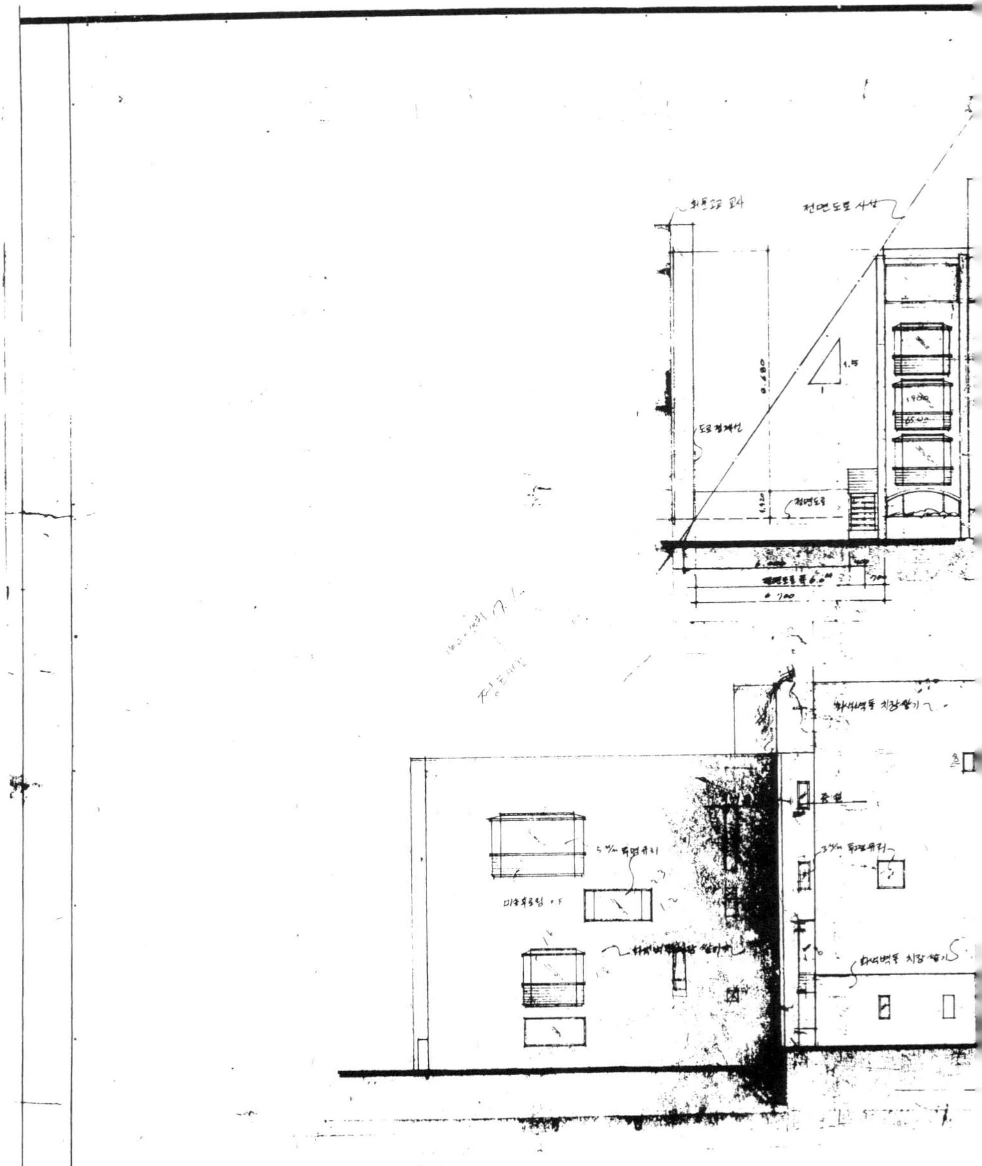

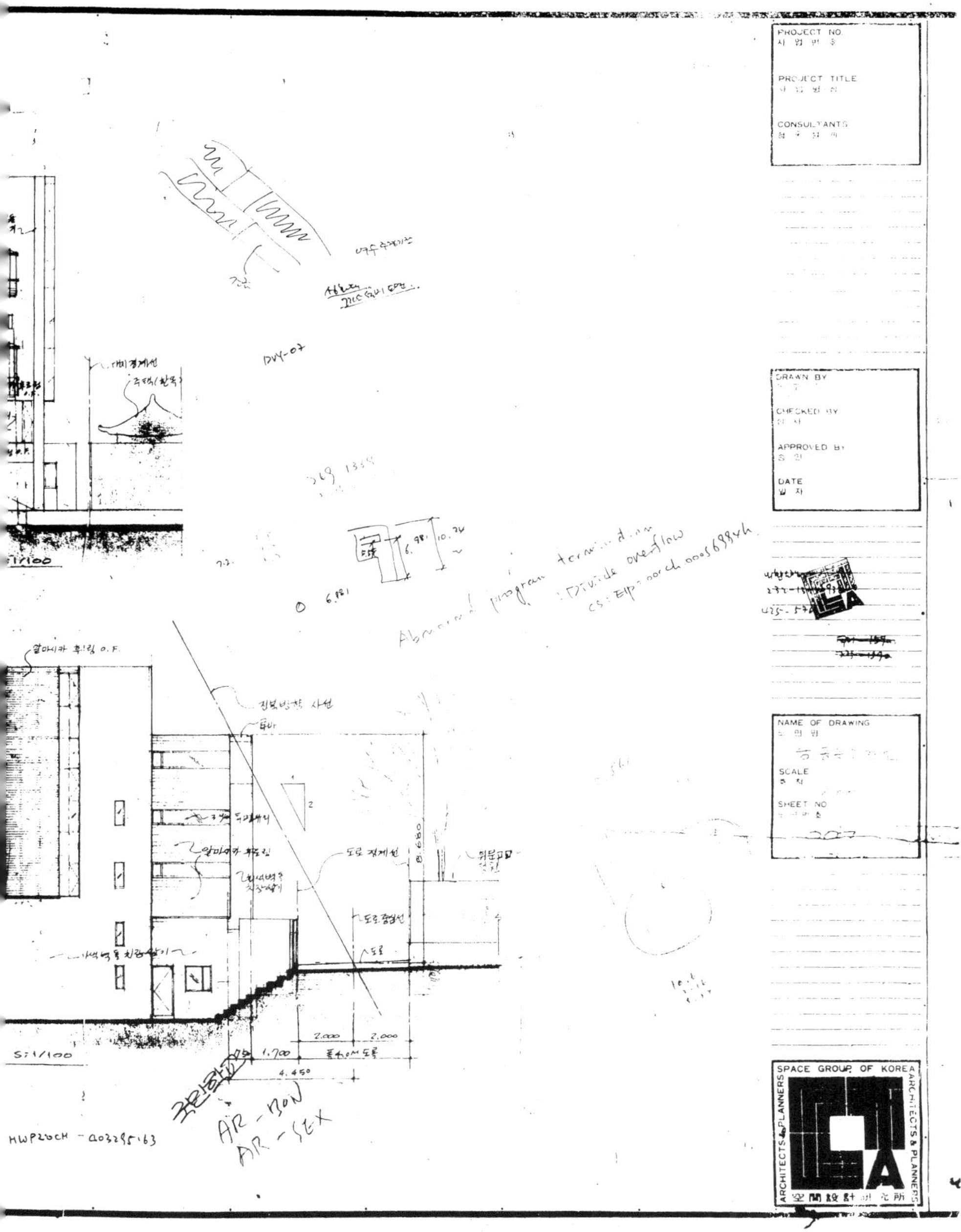
PROJECT NO.
PROJECT TITLE
CONSULTANTS
DRAWN BY
CHECKED BY
APPROVED BY
DATE
NAME OF DRAWING
SCALE
SHEET NO
SPACE GROUP OF KOREA
ARCHITECTS & PLANNERS
S:1/100
도로 경계선
도로 중심선
4.450
HWP2UCH - 003295163
AR-BON
AR-SEX

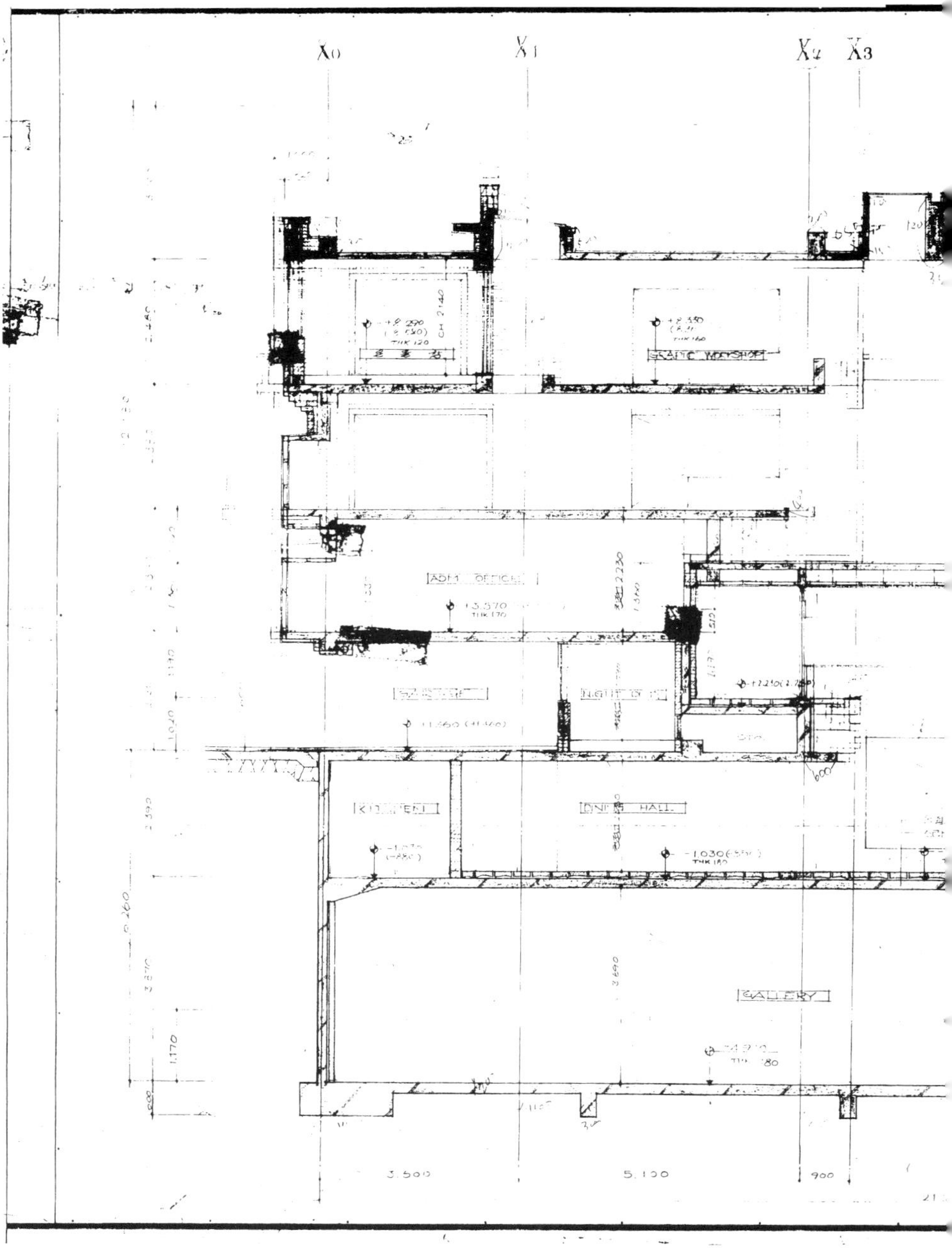

X0
X1
X4
X3
ADM. OFFICE
GRAPHIC WORKSHOP
NIGHT DUTY
KITCHEN
DINING HALL
GALLERY
3.500
5.100
900

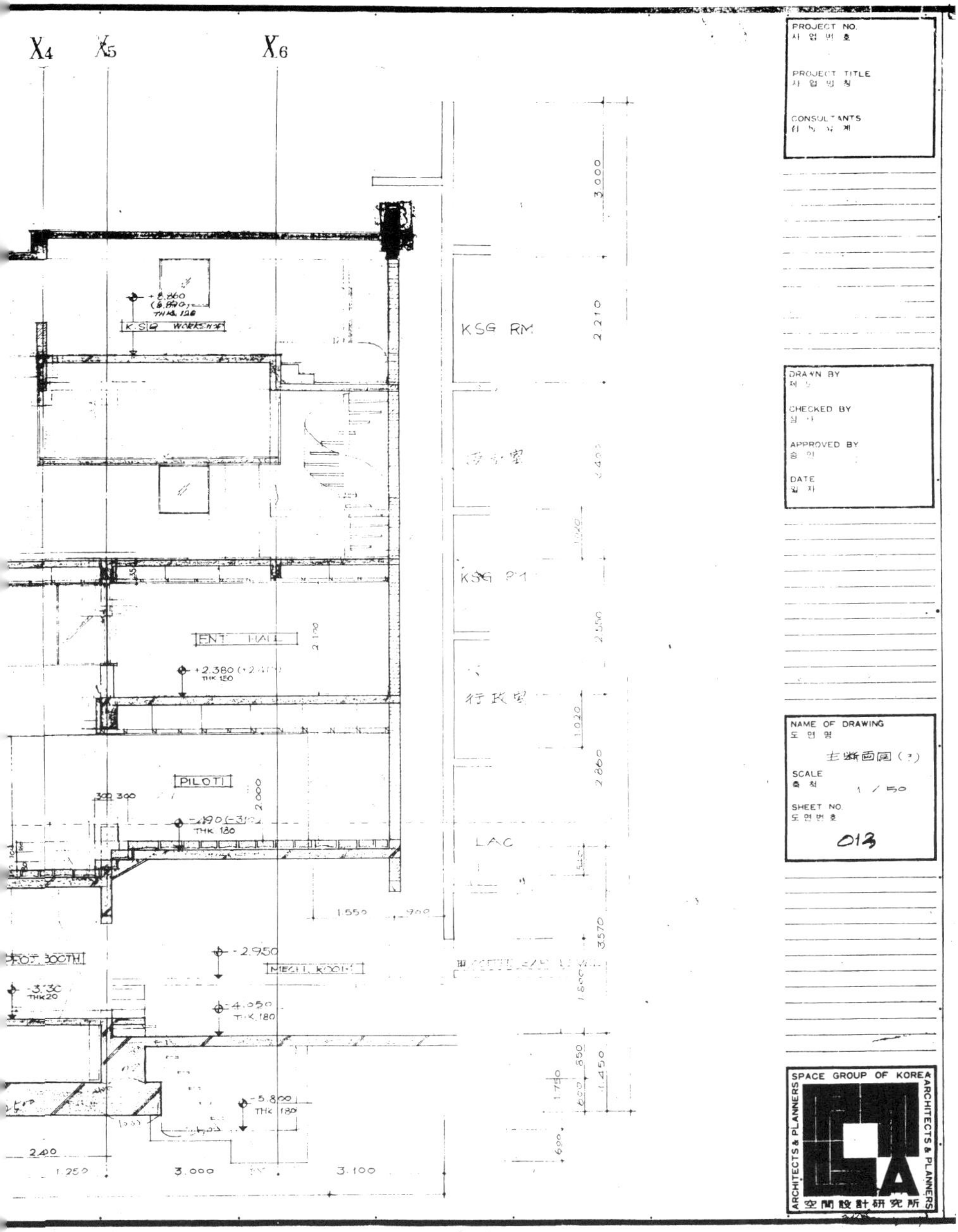
X4
X5
X6
KSG RM
K.S.G WORKSHOP
ENT HALL
PILOTI
PROJ. BOOTH
MECH. ROOM
LAC
行政室
THK 180
PROJECT NO.
사 업 번 호
PROJECT TITLE
사 업 명 칭
CONSULTANTS
DRAWN BY
CHECKED BY
APPROVED BY
DATE
일 자
NAME OF DRAWING
도 면 명
主断面図 (2)
SCALE
축 척
1 / 50
SHEET NO.
도 면 번 호
013
SPACE GROUP OF KOREA
ARCHITECTS & PLANNERS
空間設計研究所

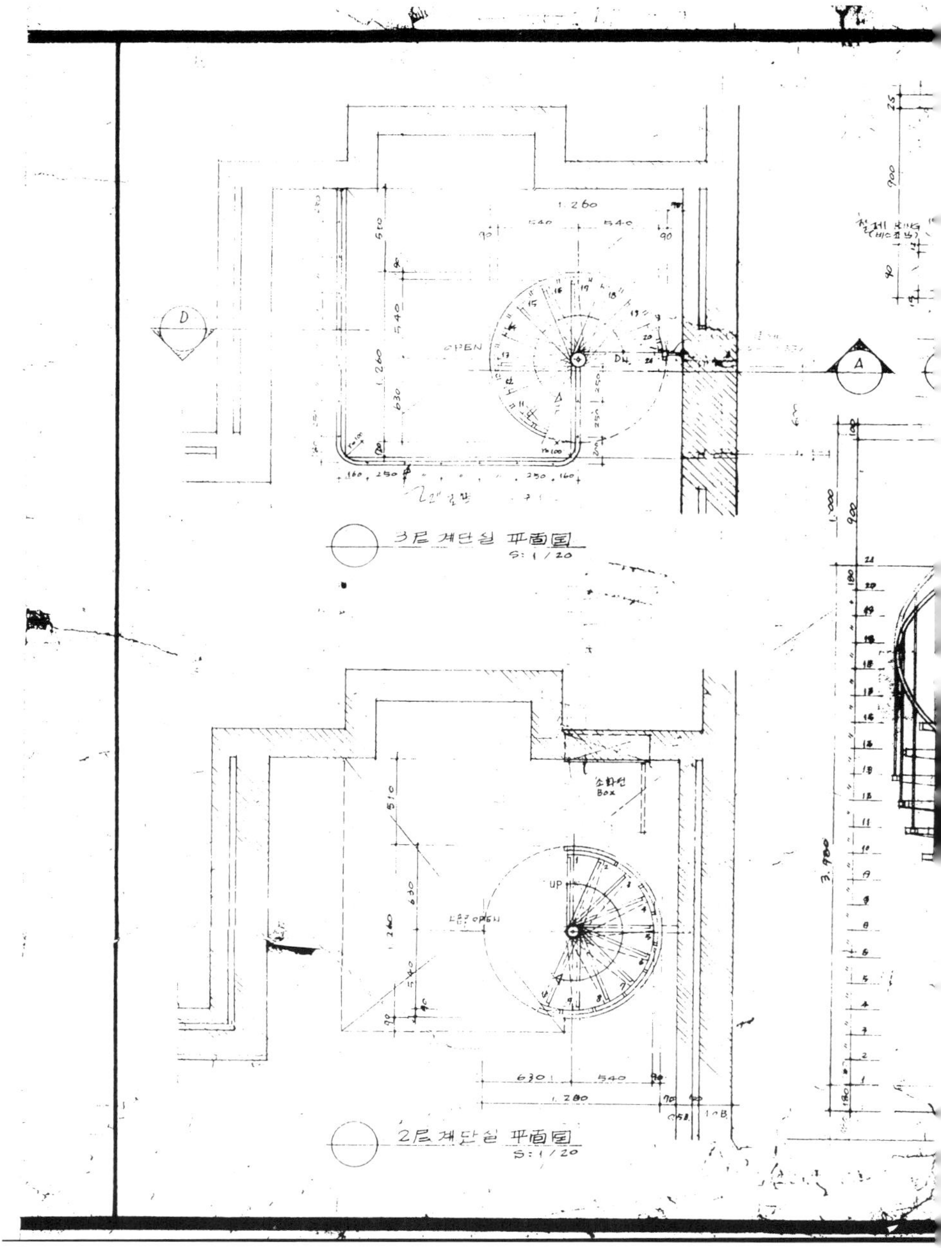

OPEN
3층 계단실 平面図
S: 1/20
소화전 BOX
UP
2층 계단실 平面図
S: 1/20

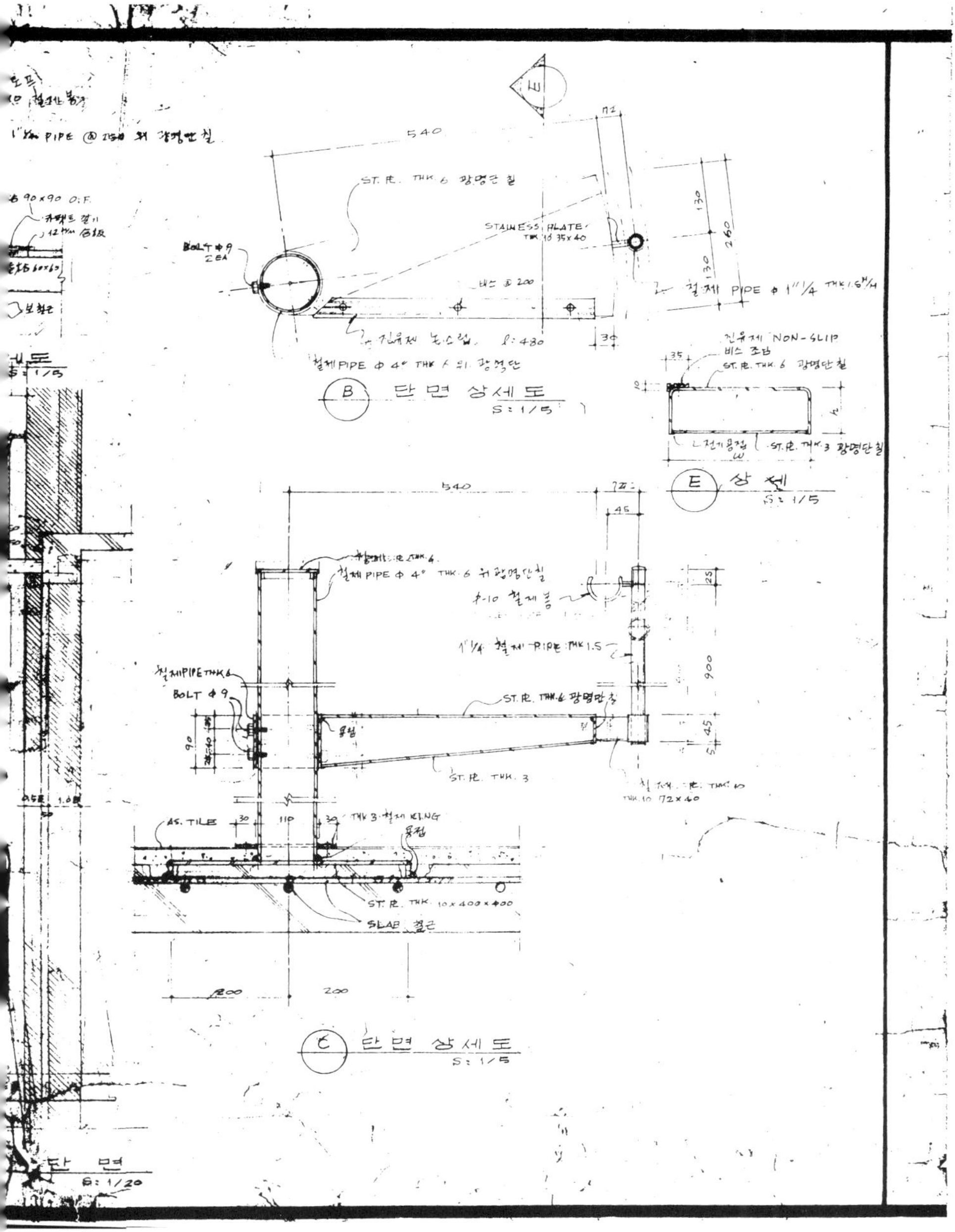

540
ST. PL. THK. 6 광명단 칠
STAINLESS PLATE
BOLT Φ 9
2EA
철제 PIPE Φ 1 1/4 THK 1.6
130
260
철제 PIPE Φ 4" THK 6 위 광명단
B 단면 상세도
S: 1/5
NON-SLIP
ST. PL. THK. 6 광명단 칠
ST. PL. THK. 3 광명단 칠
E 상세
S: 1/5
철제 PIPE Φ 4" THK. 6 위 광명단 칠
Φ-10 철제 봉
1 1/4 철제 PIPE THK 1.5
철제 PIPE THK 6
BOLT Φ 9
ST. PL. THK. 6 광명단 칠
ST. PL. THK. 3
900
45
AS. TILE
30
110
30
THK 3 철제 RING
용접
ST. PL. THK. 10 x 400 x 400
SLAB 철근
200
C 단면 상세도
S: 1/5
단면
S: 1/20

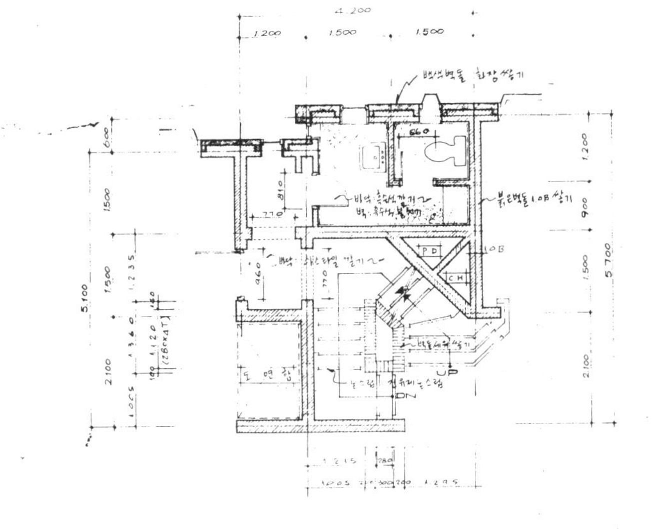

A/B 변소 및 계단부분평면상세도 S:1/50

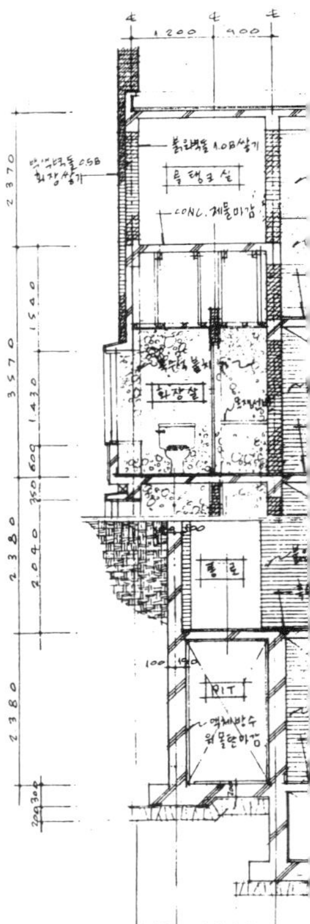

B/B 변소 및

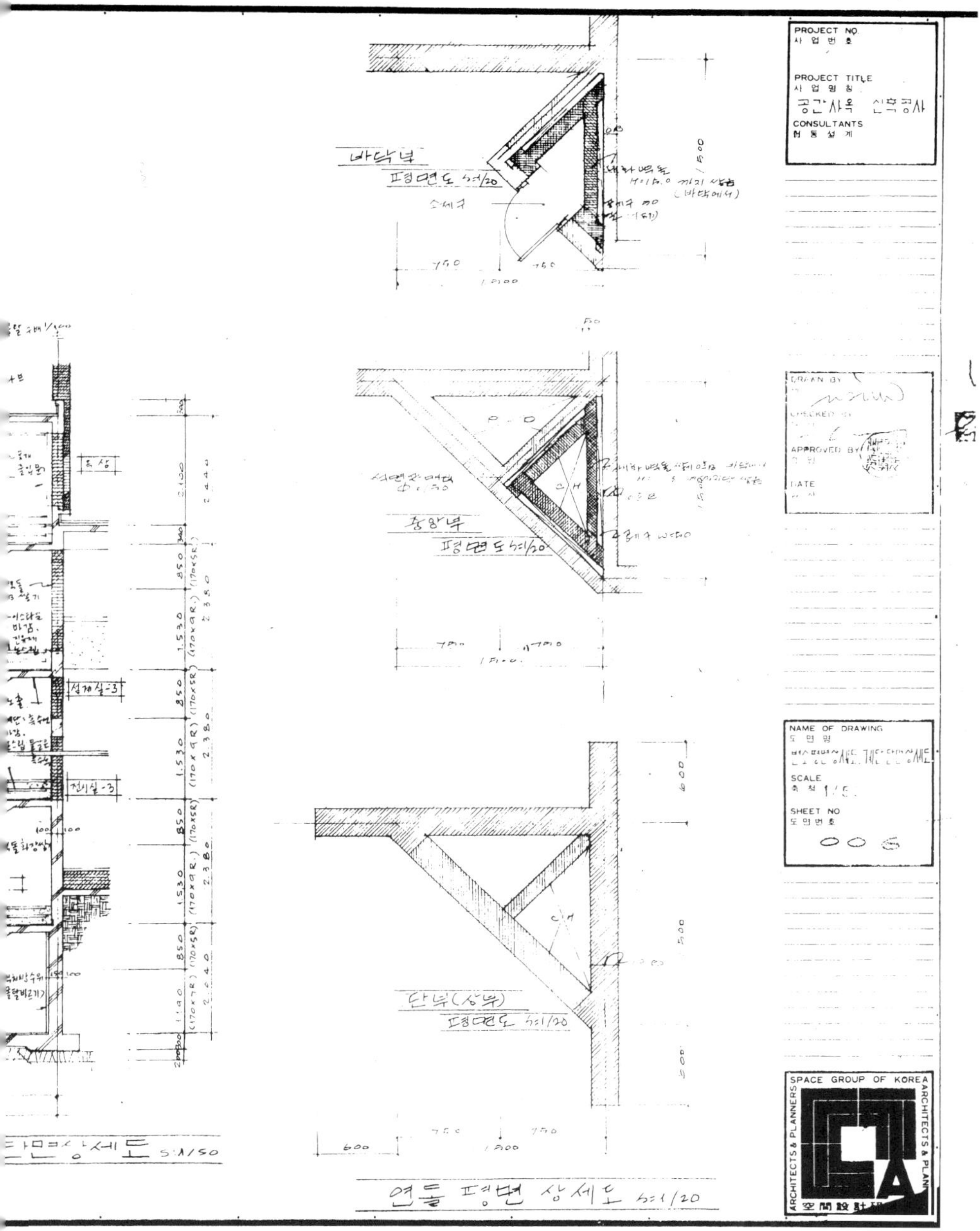
PROJECT NO.
사업번호
PROJECT TITLE
사업명칭
공간사옥 신축공사
CONSULTANTS
협동설계
바닥부
평면도 S:1/20
중앙부
평면도 S:1/20
단부(상부)
평면도 S:1/20
연돌 평면 상세도 S:1/20
DRAWN BY
CHECKED BY
APPROVED BY
DATE
NAME OF DRAWING
도면명
SCALE
축척
SHEET NO
도면번호
SPACE GROUP OF KOREA
ARCHITECTS & PLANNERS
空間設計

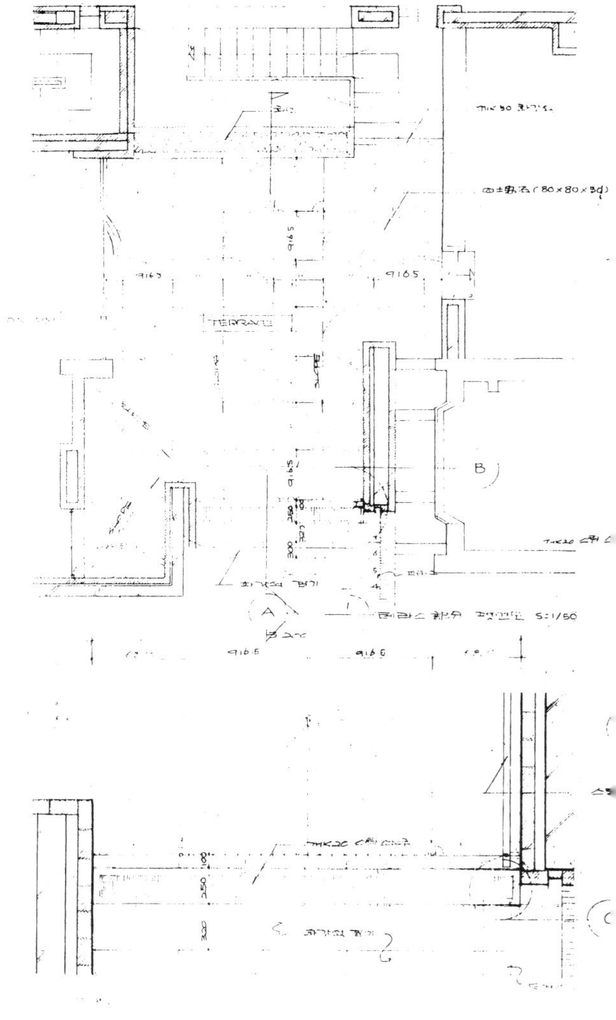
TERRACE
9165
S=1/50
S=1/20

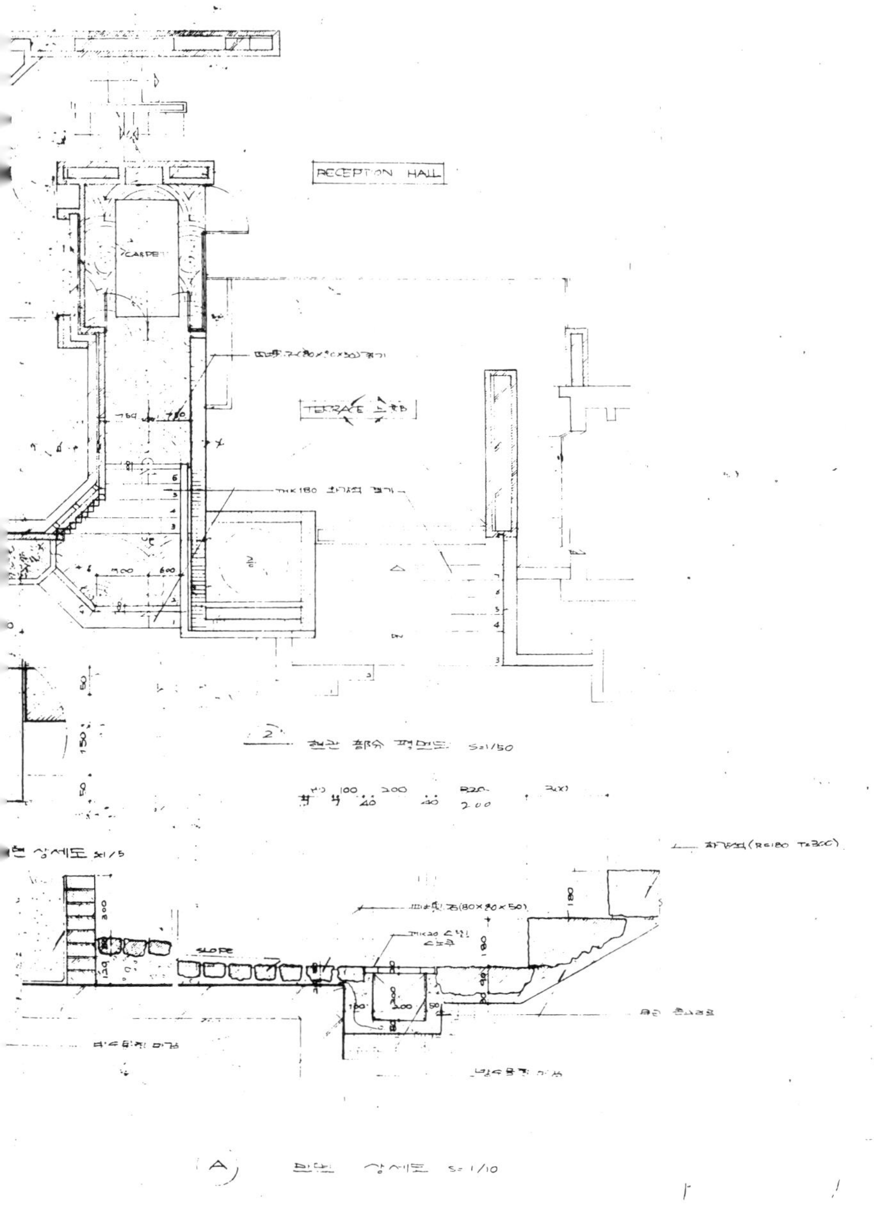
RECEPTION HALL
CARPET
TERRACE
SLOPE
S=1/50
S=1/10

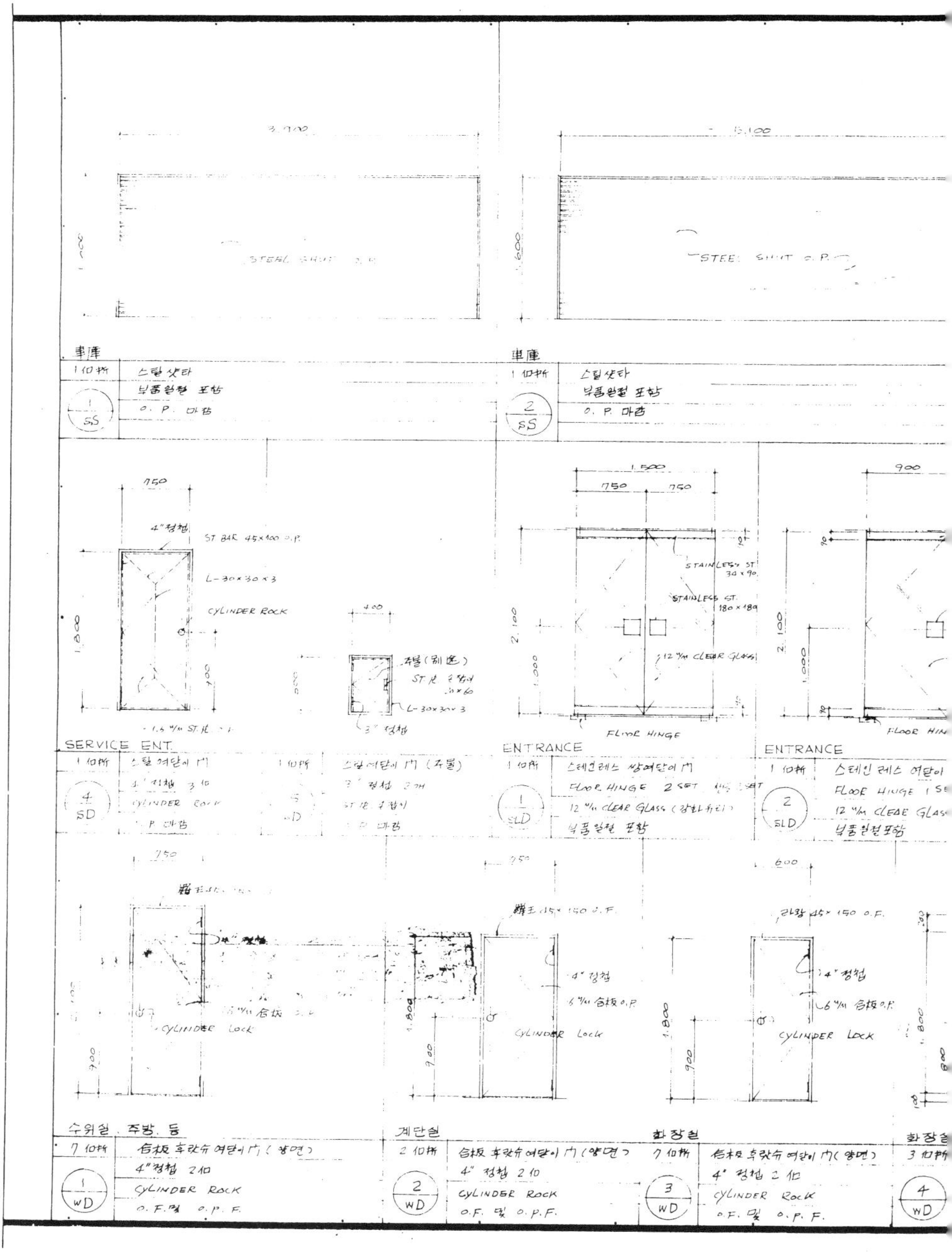
STEEL SHUT O.P.
車庫
1 10개所 스틸샷타 부품일절 포함 O.P. 마감
1/SS
2/SS
SERVICE ENT.
1 10개所 스틸 여닫이 門 4" 정첩 3 10 CYLINDER ROCK O.P. 마감
4/SD
1 10개所 스틸 여닫이 門 (주물) 3" 정첩 2개 ST.板 중첩이 O.P. 마감
5/SD
ENTRANCE
1 10개所 스텐레스 쌍여닫이 門 FLOOR HINGE 2 SET 12 m/m CLEAR GLASS (강화유리) 부품일절 포함
1/SLD
ENTRANCE
1 10개所 스테인레스 여닫이 FLOOR HINGE 1 SET 12 m/m CLEAR GLASS 부품일절포함
2/SLD
CYLINDER ROCK
STAINLESS ST.
FLOOR HINGE
수위실, 주방, 등
7 10개所 合板 후랏슈 여닫이 門 (양면) 4" 정첩 2 10 CYLINDER ROCK O.F. 및 O.P.F.
1/WD
계단실
2 10개所 合板 후랏슈 여닫이 門 (양면) 4" 정첩 2 10 CYLINDER ROCK O.F. 및 O.P.F.
2/WD
화장실
7 10개所 合板 후랏슈 여닫이 門 (양면) 4" 정첩 2 10 CYLINDER ROCK O.F. 및 O.P.F.
3/WD
화장실
3 10개所
4/WD
CYLINDER LOCK

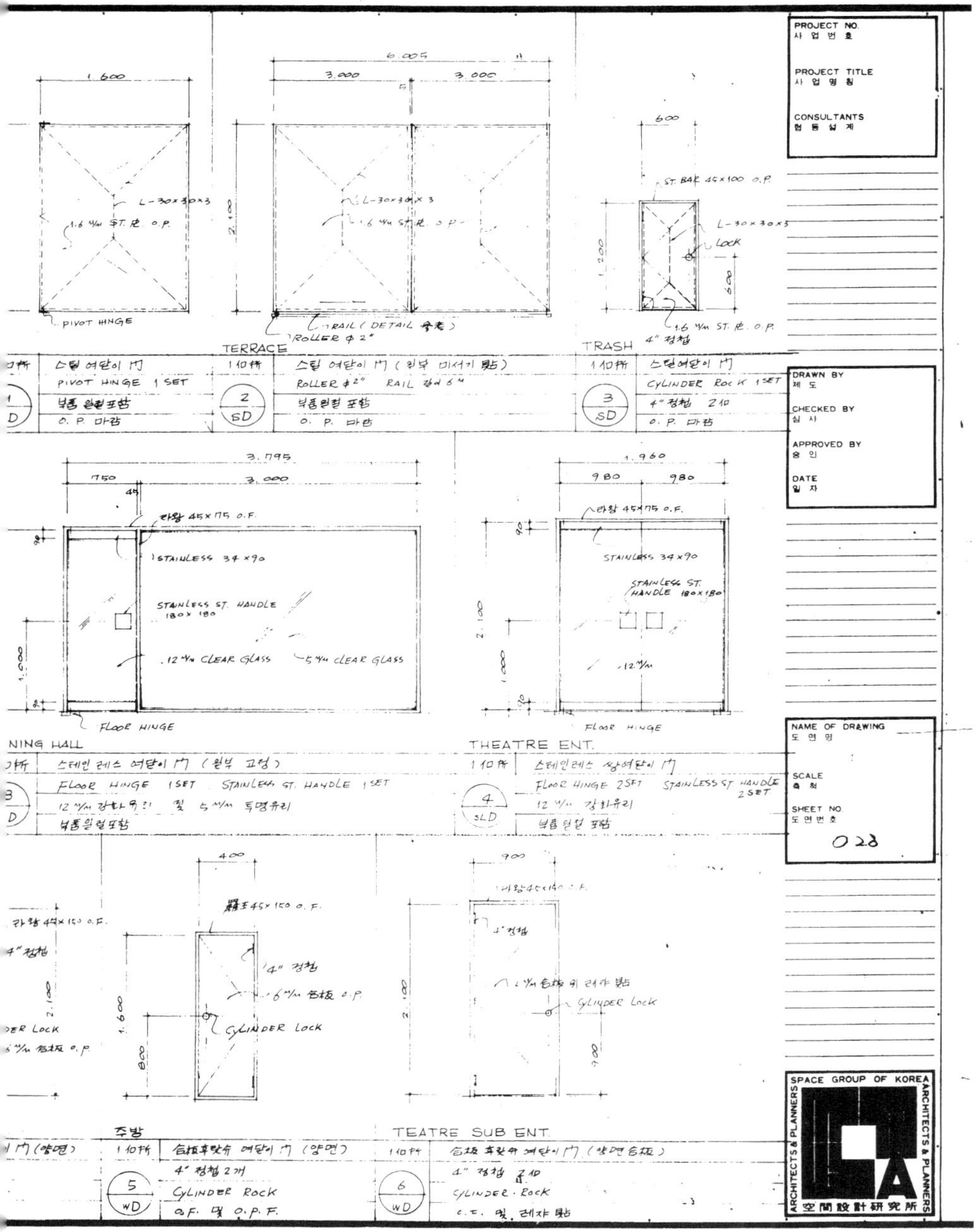
PROJECT NO.
사 업 번 호
PROJECT TITLE
사 업 명 칭
CONSULTANTS
협 동 설 계
DRAWN BY
제 도
CHECKED BY
심 사
APPROVED BY
승 인
DATE
일 자
NAME OF DRAWING
도 면 명
SCALE
축 척
SHEET NO.
도 면 번 호
028
TERRACE
TRASH
NING HALL
THEATRE ENT.
주방
TEATRE SUB ENT.
PIVOT HINGE
FLOOR HINGE
CYLINDER LOCK
SPACE GROUP OF KOREA
ARCHITECTS & PLANNERS
空間設計硏究所

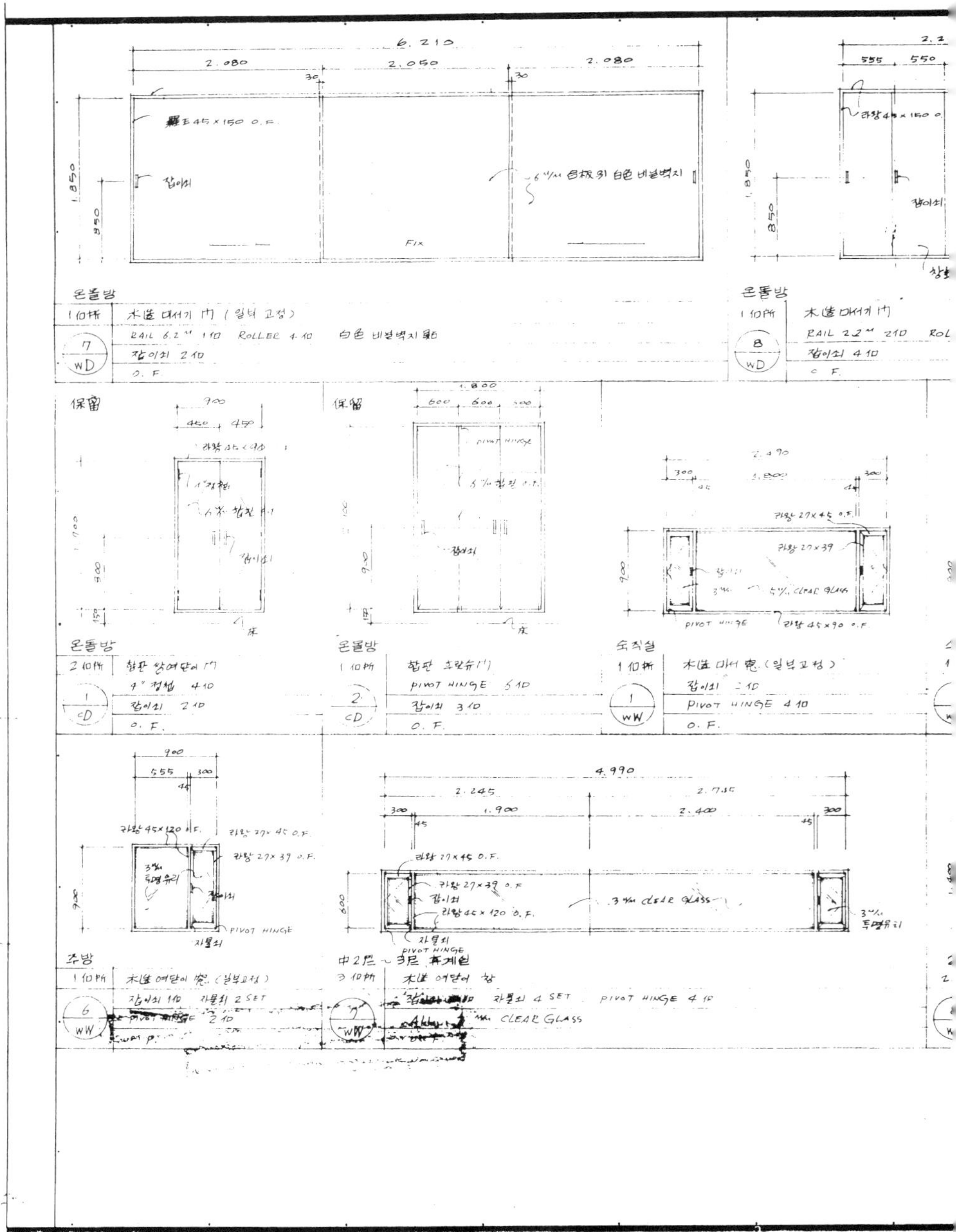
6.210
2.080
2.050
2.080
30
30
1.850
850
45×150 O.F.
잡이쇠
6mm 合板의 白色 비닐벽지
FIX
온돌방
1個所
木造 미서기 門 (일부 고정)
RAIL 6.2M 1組 ROLLER 4組 白色 비닐벽지 貼
잡이쇠 2組
O.F.
7
WD
555
550
1.850
850
라왕 45×150 O.F.
잡이쇠
온돌방
1個所
木造 미서기 門
RAIL 2.2M 2組
잡이쇠 4組
O.F.
8
WD
保留
900
450
450
保留
1.800
600
600
600
PIVOT HINGE
잡이쇠
床
2.490
300
1.800
300
라왕 27×45 O.F.
라왕 27×39
5mm CLEAR GLASS
PIVOT HINGE
라왕 45×90 O.F.
900
온돌방
2個所
합판 양여닫이 門
4" 정첩 4組
잡이쇠 2組
O.F.
1
CD
온돌방
1個所
합판 후랏슈門
PIVOT HINGE 5組
잡이쇠 3組
O.F.
2
CD
숙직실
1個所
木造 미서기 窓 (일부고정)
잡이쇠 2組
PIVOT HINGE 4組
O.F.
1
WW
900
555
300
45
라왕 45×120 O.F.
라왕 27×45 O.F.
라왕 27×39 O.F.
3mm 투명유리
잡이쇠
PIVOT HINGE
자물쇠
900
4.990
2.245
2.745
300
1.900
2.400
300
45
45
라왕 27×45 O.F.
라왕 27×39 O.F.
잡이쇠
라왕 45×120 O.F.
3mm CLEAR GLASS
3mm 투명유리
자물쇠
PIVOT HINGE
800
주방
1個所
木造 여닫이 窓 (일부고정)
잡이쇠 1組 자물쇠 2 SET
2組
6
WW
中2層~3層 再계단
3個所
木造 여닫이 창
자물쇠 4 SET PIVOT HINGE 4組
mm CLEAR GLASS
7
WW

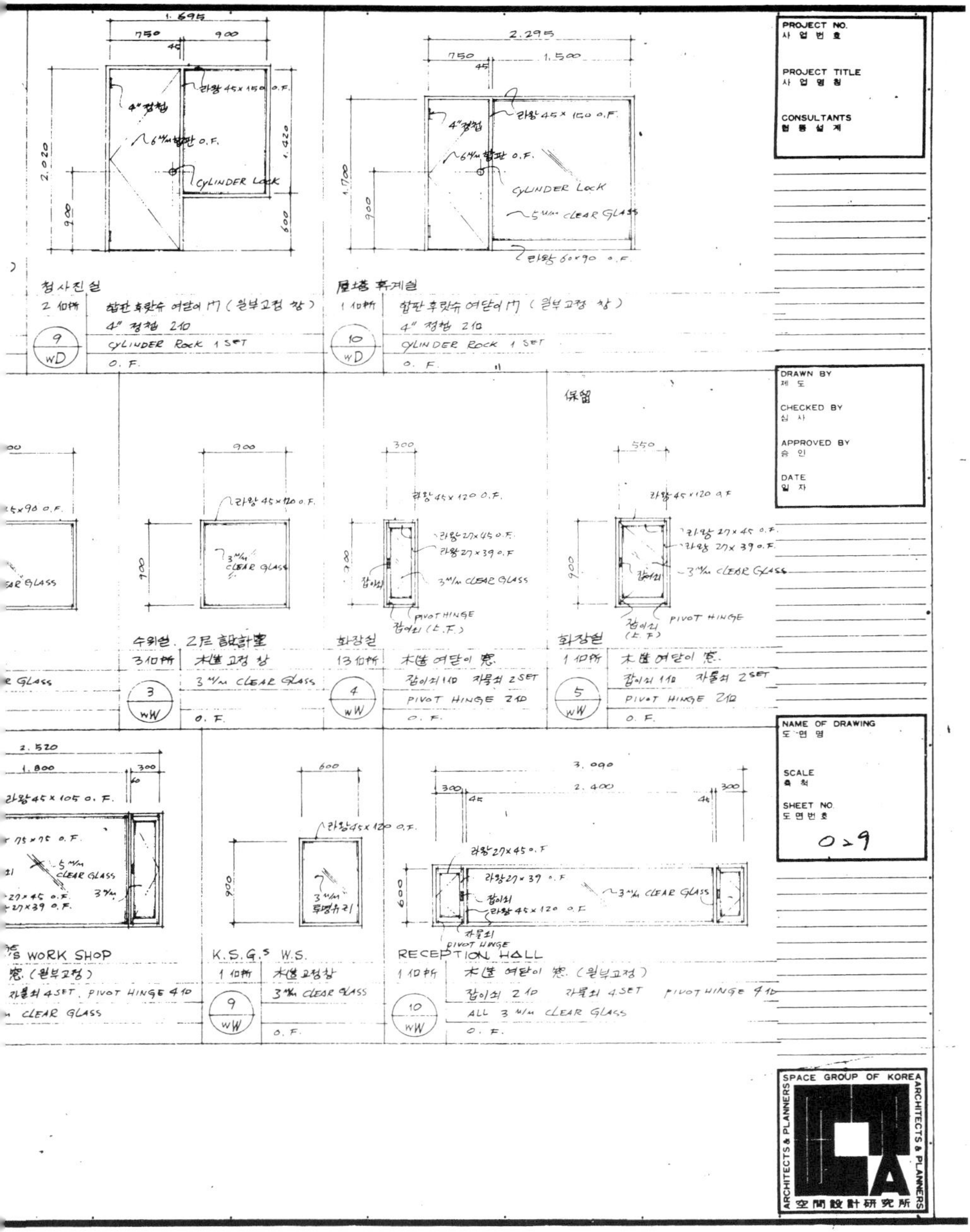

PROJECT NO.
사 업 번 호
PROJECT TITLE
사 업 명 칭
CONSULTANTS
협 동 설 계
DRAWN BY
제 도
CHECKED BY
심 사
APPROVED BY
승 인
DATE
일 자
NAME OF DRAWING
도 면 명
SCALE
축 척
SHEET NO.
도 면 번 호
SPACE GROUP OF KOREA
ARCHITECTS & PLANNERS
空間設計研究所
CYLINDER Lock
5 M/M CLEAR GLASS
PIVOT HINGE
RECEPTION HALL
K.S.G.S W.S.
WORK SHOP

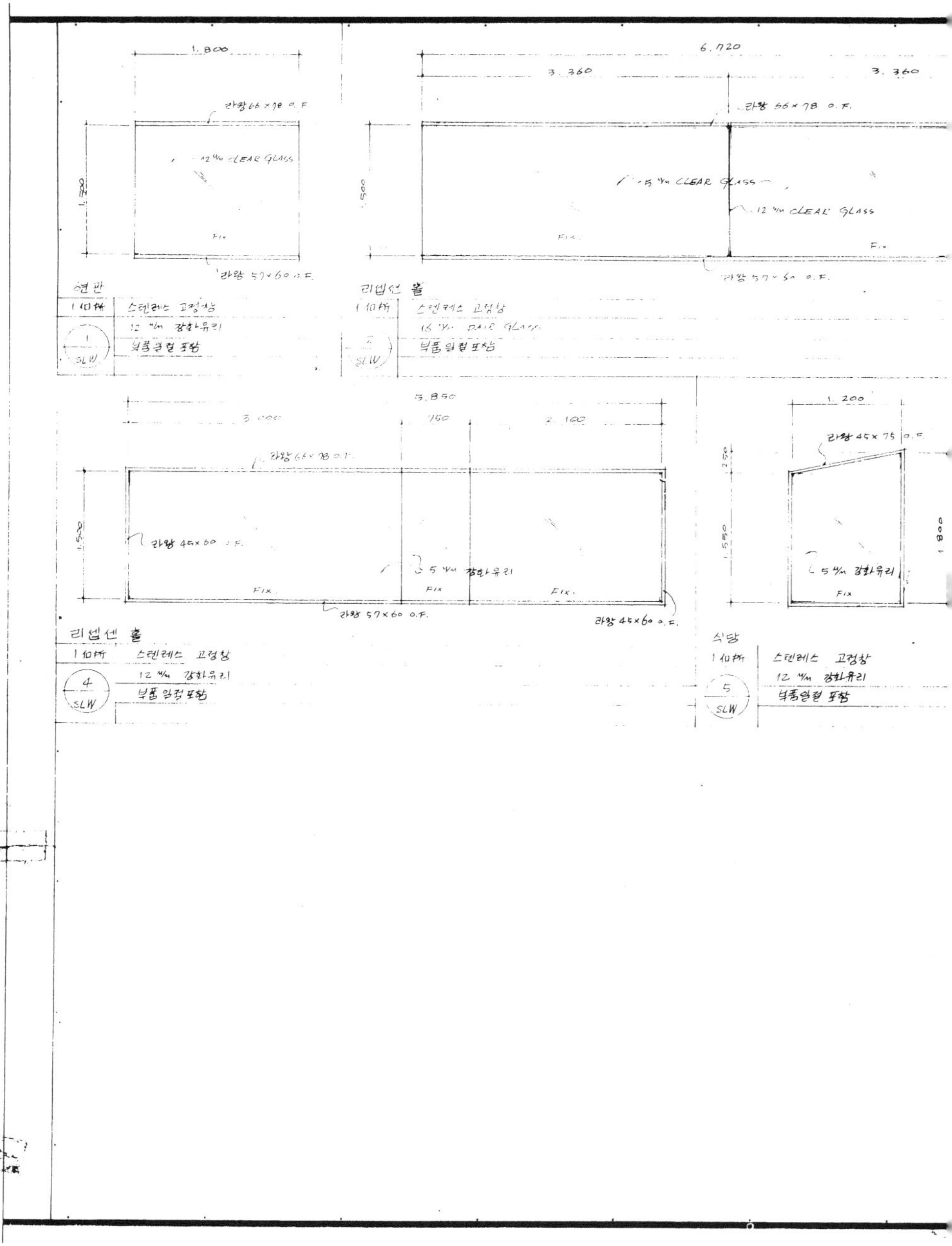
1.800
라왕 66×78 O.F.
12 m/m CLEAR GLASS
Fix
라왕 57×60 O.F.
현관
1個所
스텐레스 고정창
12 m/m 강화유리
부품일절 포함
1 SLW
6.720
3.360
3.360
라왕 66×78 O.F.
5 m/m CLEAR GLASS
12 m/m CLEAR GLASS
Fix
라왕 57×60 O.F.
리셉션 홀
1個所
스텐레스 고정창
부품일절 포함
2 SLW
5.850
750
2.100
라왕 66×78 O.F.
라왕 45×60 O.F.
5 m/m 강화유리
Fix
라왕 57×60 O.F.
라왕 45×60 O.F.
리셉션 홀
1個所
스텐레스 고정창
12 m/m 강화유리
부품일절 포함
4 SLW
1.200
라왕 45×75 O.F.
1.800
5 m/m 강화유리
Fix
식당
1個所
스텐레스 고정창
12 m/m 강화유리
부품일절 포함
5 SLW

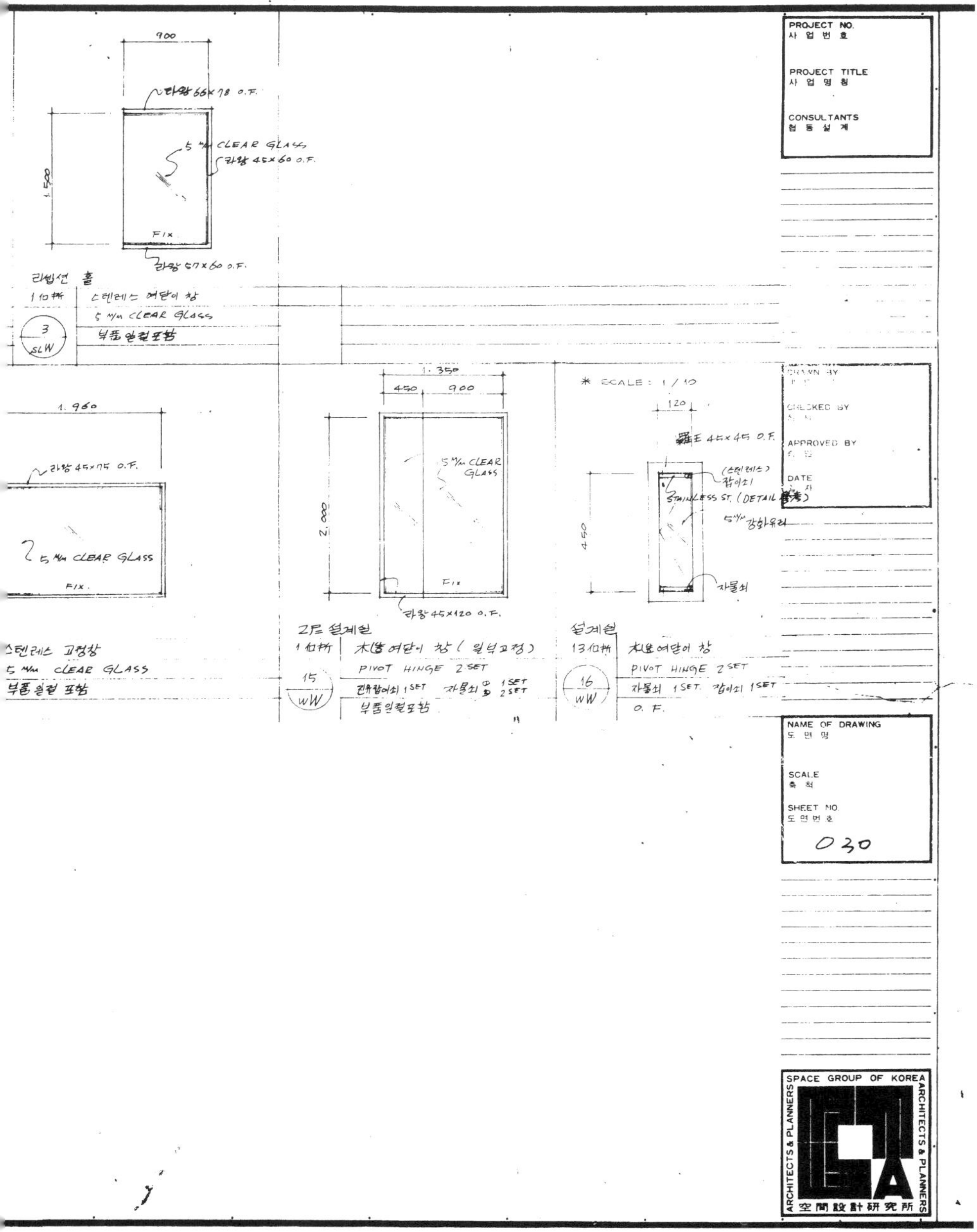

PROJECT NO.
사 업 번 호
PROJECT TITLE
사 업 명 칭
CONSULTANTS
협 동 설 계
900
라왕 66×78 O.F.
5 m/m CLEAR GLASS
라왕 45×60 O.F.
1.500
FIX
라왕 57×60 O.F.
리셉션 홀
스텐레스 여닫이 창
5 m/m CLEAR GLASS
부품일절포함
3
SLW
1.960
라왕 45×75 O.F.
5 m/m CLEAR GLASS
FIX
스텐레스 고정창
5 m/m CLEAR GLASS
부품일절포함
1.350
450
900
5 m/m CLEAR GLASS
2.000
FIX
라왕 45×120 O.F.
2F 설계실
木(목) 여닫이 창 (일부고정)
PIVOT HINGE 2 SET
부품일절포함
15
WW
* SCALE : 1/10
120
45×45 O.F.
(스텐레스) 잡이쇠
STAINLESS ST. (DETAIL 참조)
5 m/m 강화유리
450
자물쇠
설계실
PIVOT HINGE 2 SET
자물쇠 1 SET. 잡이쇠 1 SET
O. F.
16
WW
DRAWN BY
CHECKED BY
APPROVED BY
DATE
NAME OF DRAWING
도 면 명
SCALE
축 척
SHEET NO.
도 면 번 호
030
SPACE GROUP OF KOREA
ARCHITECTS & PLANNERS
空間設計研究所

이 집의 설계자 _ 김수근
Kim Swoo-Guen

1931 출생
1961 김수근 건축연구소 개소
1966 월간 종합예술지「공간」창간
1971 공간 연구소
1975 세계건축가연맹(U.I.A) 이사
1976 한국 건축가협회(K.I.A) 회장
1977 공간사랑 소극장 개관
1979 국민대학교 조형대학장
1982 미국 건축가협회 명예 회원(Hon.FAIA)
1986 타계

상훈 경력

1970 국민 포장
1971 범태평양 건축상 수상(미국건축가협회 하와이지부)
1976 보관문화회장
1979 이태리공화국 문화공로훈장
1984 철탑산업훈장
1986 은탑산업훈장

주요 작품

워커힐 힐탑바(1961), 자유센터(1963), 한국과학기술연구소본관(1967), 부여박물관(1967), 오사카엑스포한국관(1970), 공간사옥(1971), 서울대 환경예술관(1974), 잠실 올림픽주경기장(1977), 마산양덕성당(1978), 경동교회(1980), 춘천어린이회관(1980), 주카타르한국대사관(1982), 국립과학관(1984), 주미한국대사관저(1985), 서울법원종합청사(1986)

이 집의 설계자 _ 장세양
Chang Sea-Young

1947 출생
1977 공간연구소 입사
1986 (주) 공간 대표 취임
1991 서울시 도시경관 자문위원회 위원
1992 한국건축가협회 이사
1993 건설교통부 중앙기술 심의위원회 위원
1996 타계

수상경력

한국건축가협회상 수상(두리빌딩, 1991), 경기도 박물관 현상설계 당선(1991) 김수근 문화상(1997)
CRE-ARC AWARD 수상(공간신사옥, 1998)

주요 작품

올림픽 주경기장성화대(1987), 회빈 레스토랑(1987), 국립대구박물관(1991), 제주 서라벌호텔(1991), 국립김해박물관(1991), 부산 종합운동장 주경기장(1993), 우르슬라 양로원(1994)

이 책의 사진가 _ **조명환**
Cho Myoung-Hwan

1965 출생
1982 부산 배정고등학교 졸업
1992 울산대학교 공과대학 건축학과 졸업
1992 청암 건축사진 연구소
1993 이상 건축
1995~현재 프리랜서

이 책의 비평가 _ **김정후**
Kim Jeong-Hoo

1969 출생
현재, 런던대학UCL 지리학과 리서치 펠로우

이 책의 비평가 _ **박길룡**
Park Gil-Yong

1946 출생
현, 국민대학교 건축대학 명예교수

이 책의 편집자 _ **전진삼**
J. S. Jahn

1960 출생
현, 간향미디어랩&커뮤니티 대표 겸 〈와이드 AR〉 발행인